공학도를 위한

기초회로실험

김경수 | 최영길 공저

홍릉과학출판사

머리말

기초 회로 실험은 전자 정보통신 공학을 전공하는 학생들에게 있어서 매우 중요한 필수 과목이다. 다이오드, 트랜지스터, 연산 증폭기, 발진기, 필터 등의 기본 이론을 제대로 이해하려면 우선 저항, 콘덴서 및 인덕터의 특성을 먼저 이해하여야 한다. 따라서 본 교재는 저항, 콘덴서 및 인덕터를 중심으로 하는 기초회로의 이론들을 실험할 수 있도록 충실하게 구성되었다.

본교재의 구성은 전체 19장으로 구성되었다. 실험1에서부터 6장에 걸쳐 기초회로 해석 part 로서 옴의 법칙, 키르히호프 법칙, 절점해석법, 루프 해석법, 중첩의 정리, 테브낭의 정리 및 노튼의 정리, 브릿지 회로를 실험하며, 실험7장에서 9장 까지는 R-C 및 R-L 회로의 직류특성 및 오실로스코프 사용법을 실험한다. 실험10장에서 11장 까지는 콘덴서 및 인덕터의 직렬 및 병렬 접속법을 실험한다. 실험12장에서는 과도응답특성을 실험하게 되고, 실험13에서 15장에 걸쳐 저항, 콘덴서 및 인덕터의 교류특성을 실험한다. 마지막으로 실험16에서 19장에 걸쳐 저항, 콘덴서 및 인덕터의 주파수특성을 실험하게 된다.

본 교재의 특징은 먼저, pspice 시뮬레이션 기반이라는 점이다. 모든 장의 실험은 먼저 PSPICE 시뮬레이션을 수행함으로써, 사전에 미리 실험 결과를 예측하고 실제 실험을 수행하도록 하였다. 따라서 학생들로 하여금 중요한 시간들을 낭비하는 일을 사전에 방지할 뿐 아니라, 효과적인 실험 결과를 얻을 수 있도록 하였다. 둘째, 텍트로닉스 등 홈페이지의 공개 매뉴얼을 참조하면 더욱 효율적이라 생각하여 오실로스코프 및 신호 발생기 등 실험 및 측정 장비에 대한 설명은 생략하였다. 따라서, 본 교재는 비본질적인 부분은 과감하게 생략하고 실험에 꼭 필요한 내용 및 방법과 절차에 최대한 충실하도록 구성되었다.

아울러 본교재가 학생들로 하여금 제한된 실험 시간 내에 실험 내용과 방법 및 절차를 준수하여 최대한 효과적으로 실험을 수행할 수 있는 매체가 되어 기초 전자회로를 이해하는데 있어서 많은 도움이 되기를 바란다.

마지막으로 본 교재를 읽어보시는 많은 분들의 아낌없는 관심과 조언을 부탁드리며 이 교재가 발간되도록 배려해주신 홍릉과학 출판사 우 명찬 사장님과 편집부 여러분께 깊은 감사를 드린다.

2014 년 1월
저자 김 경 수

차 례

실험 17 R-L 및 L-R 회로의 주파수 특성 • 159

실험 18 R-L-C 직렬 회로의 주파수 특성 • 169

실험 19 R-L-C 병렬 회로의 주파수 특성 • 180

실험 0 실험 전 갖추어야 할 사전 지식

1 실험실 안전 준수 사항

(1) 지각을 하는 일이 없도록 철저한 대비를 할 것

- 당일 실험 내용에 대한 담당교수의 지시 사항을 곧바로 전달 받지 못함으로 인하여 실험 도중 우왕좌왕 방향을 제대로 잡지 못하고 어려움을 겪을 수 가 있다.
- 팀웍을 흩트리게 만드는 1차적인 요인이 될 수가 있다.

(2) 팀원 상호간에는 낮은 소리로 실험에 반드시 필요한 내용을 위주로 대화를 나눈다.

- 통상적으로 단일 실험실내에서 여러 팀별로 나누어 실험을 진행하기 때문에 다른 조에 조금이라도 방해가 되지 않도록 하여야 한다.

(3) 실험이 종료된 후에는 사용한 부품들을 팀별 박스에 보관하는 것과 연결 케이블등의 정리와 실험 테이블을 정리 정돈한 후 직류 전원 장치, 함수 발생기, 오실로스코우프등 측정장비들의 전원을 반드시 OFF 시키고 퇴실한다.

- 팀별로 정리하는 것이 일괄적으로 정리하는 것보다 쉽고 간편하다.

(4) 실험 시작 전에는 당일실험과제에 대한 예비지식을 충분히 갖추고 실험에 임한다.

- 사전 지식이 결여되어 있으면 쉬운 것도 제대로 할 수가 없다.

(5) 실험시 담당 교수의 지시를 반드시 따른다.

- 담당교수의 지시를 따르지 않고 임의대로 실험을 수행시 안전사고 또는 장비의 파손등과 같은 위험이 따르게 될 수 있다.

(6) 실험 노트를 준비하여 실험 도중 중요한 발견한 중요결과 및 문제점들을 기록한다.

- 실험 노트는 실험결과 정리 및 보고서 작성에 있어서 풍부한 자료를 제공하게 된다.

(7) 실험 도중 실험장비등의 문제점들이 발견될 경우 담당 교수 혹은 조교에게 즉각적으로 보고한다.

- 다음 실험시에 똑같은 문제가 발생하지 않도록 사전에 차단하게 된다.

2 보고서 작성법

(1) 예비 보고서 작성 및 제출

실험 시작 전에는 당일실험과제에 대한 자료들을 조사하고 분석한다.

- 예비 보고서에는 실험 제목과 실험의 주요 내용 및 실험 절차와 방법을 상세하게 작성하여야 한다.
- 첫 페이지는 실험 표지로 할애하며, 실험 과목명, 실험제목, 제출일자, 조원이름과 학번을 표시한다.

(2) 결과 보고서 작성 및 제출

결과 보고서는 다음 사항들을 포함하여야 한다.

1) 표지

실험 과목명, 실험제목, 제출일자, 조원이름과 학번 등을 표시한다.

2) 실험 제목(Theme)

실제로 실험 내용에 대한 세부적 실험 제목을 구체적으로 적는다.

3) 실험과 관련된 내용(Contents)

예비 보고서의 실험 내용을 요약한다.

4) 실험결과(Results)

시각적인 효과를 높일 수 있도록 표, 차트 및 그래프 등을 사용하여 작성한다.

5) 고찰(Discussions)

실험결과에 대한 분석 즉 이론값(계산값)과 측정값을 비교 분석하고 오차가 허용오차범위를 많이 벗어날 경우, 원인을 분석하고 개선 방법 등을 기록한다.

실험 1 회로의 기본 법칙 실험

1 실험 목적

(1) 옴의 법칙(Ohm's Law)을 이해한다.

(2) 키르히호프(Kirchihoff)의 전류 및 전압법칙을 이해한다.

(3) 전압 및 전류 분배 법칙(division law)을 이해한다.

2 기본 이론

(1) 옴의 법칙(Ohm's Law)을 이해한다.

독일의 물리학자 George Simon Ohm은 실험에 의해 다음과 같은 법칙을 발견하였다.

"도체의 전압은 그 도체를 흐르는 전류에 비례한다."

$$v = Ri$$

비례상수R은 저항(resistance)이라고 부른다. 저항의 단위는 옴(ohm)[Ω]으로 표시하며, 도체에 1[V]의 전압을 인가할 때 1[A]의 전류가 흐를 때 그 도체의 저항은 1[Ω] 이다. 또한, 저항의 역수를 콘덕턴스(conductance)라고 정의하며, G로 표시한다. 콘덕턴스의 단위는 모(mho)[℧]이다.

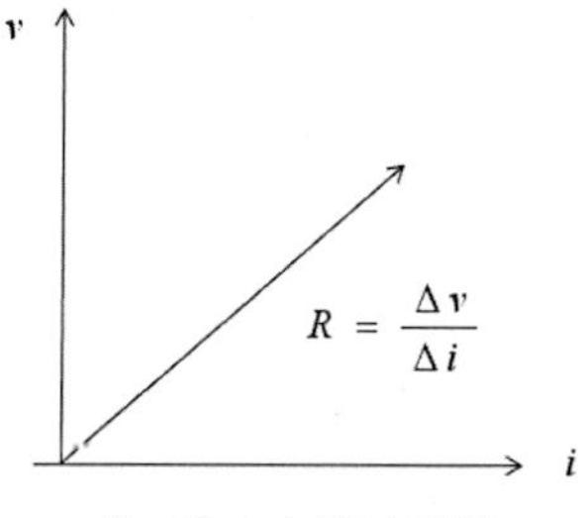

그림 1-1 옴의 법칙

그림 1-2는 단자 a로 부터 단자 b방향으로 저항 R에 전류가 흐르고 있는 간단한 회로이며, 저항에서 소비되는 전력은

$$p = vi = i^2R = \frac{v^2}{R}, \quad p = vi = \frac{i^2}{G} = v^2G$$

이다.

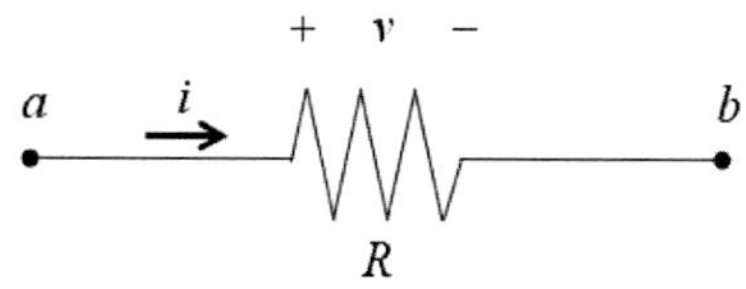

▌그림 1-2 저항의 회로 심벌(symbol)

예제 1

정격이100[V], 40[W]인 백열전구에 90[V]의 전압을 인가하면 전력은 얼마인가?

풀이

$p = vi = i^2R = \frac{v^2}{R}$ 로부터 $R = \frac{v^2}{p} = \frac{100^2}{40} = 250[\Omega]$

따라서 90[V]의 전압을 인가하면 $p' = \frac{90^2}{250} = 32.4[W]$

(2) 키르히호프 법칙(Kirchhoff's Law)

2개 이상의 소자(element)들이 공통접속을 형성하고 있는 점을 절점(node)이라고 말한다.

1)전류법칙(Kirchhoff's current Law)

회로내의 임의의 절점으로 유입되는 전류의 합은 그 절점으로부터 유출하는 전류의 합과 같다. 달리 표현하면, 회로내의 임의의 절점으로부터 유출(또는 유입)하는 모든 전류의 대수적(algebraic) 합은 0(zero) 이다. 이를 수식으로 표시하면,

$$\sum_{n=1}^{N} i_n = 0$$

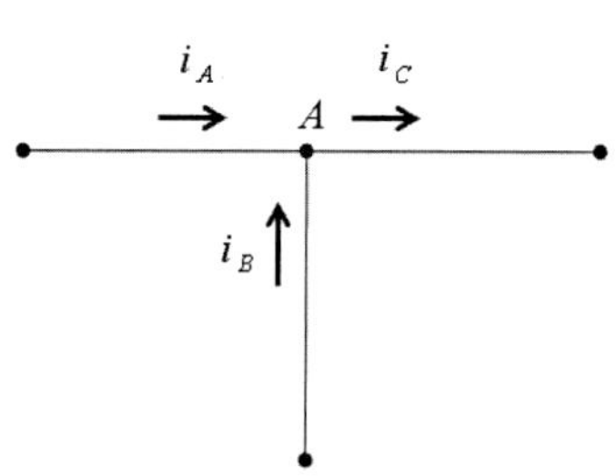

▌그림 1-3 키르히호프 전류법칙: $i_A + i_B = i_C$

그림 1-3에서 유출되는 전류를 정(+) 으로 잡으면,

$$-i_A - i_B + i_C = 0$$

이 된다.

2)전압법칙(Kirchhoff's voltage Law)

회로내의 임의의 폐경로(closed path)를 주회하면서 취한 대수적인(algebraic) 전압의 총합은 0(zero) 이다. 이를 수식으로 표시하면,

$$\sum_{n=1}^{N} v_n = 0$$

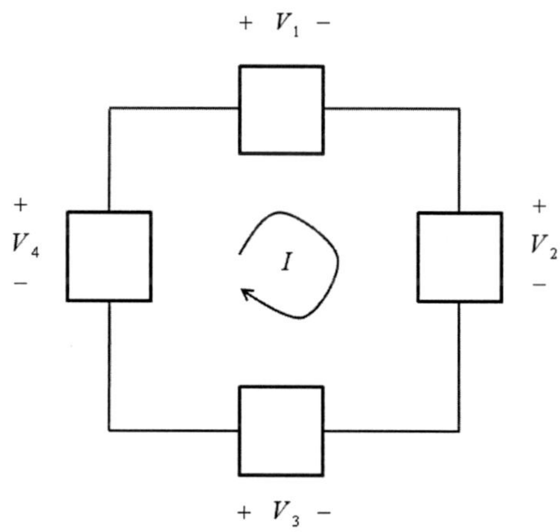

▌그림 1-4 키르히호프 전압법칙

그림 1-4의 폐경로(closed path)에서 시계방향으로 주회할 때 대수적인(algebraic) 전압의 총합은 전압상승을 정(+) 으로 정하면,

$$V_1 + V_2 - V_3 - V_4 = 0$$

이 된다. 그림 1-5의 회로를 고려하자.

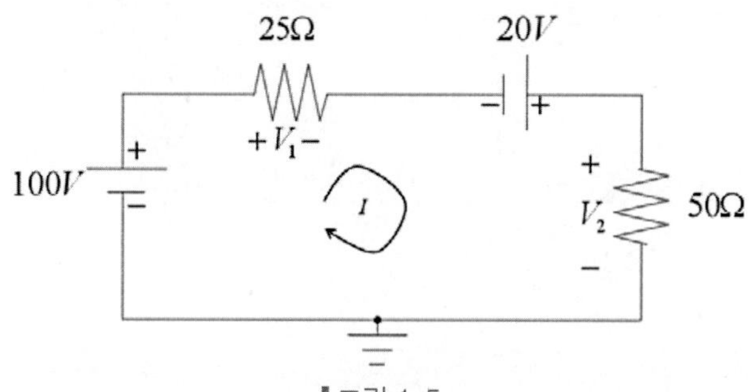

▌그림 1 5

키르히호프 전압법칙을 폐경로에 적용하고, 시계방향을 정(+)으로 정하면

$$-100 + V_1 - 20 + V_2 = 0$$

이 된다. 옴 법칙에 의해 각각의 저항의 전압은

$$V_1 = 25I,\ V_2 = 50I$$

이 되므로

$$-100 + 25I - 20 + 50I = 0$$

이로부터 전류를 구하면,

$$I = 1.6[A]$$

따라서 각각의 저항의 전압은

$$V_1 = 25 \times 1.6 = 40[V]$$

$$V_2 = 50 \times 1.6 = 80[V]$$

각각의 저항의 전력을 구하면,

$$P_1 = V_1 \times I = 40 \times 1.6 = 64[W]$$

$$P_2 = V_2 \times I = 80 \times 1.6 = 128[W]$$

(3) 저항 접속법

1) 저항의 직렬 연결

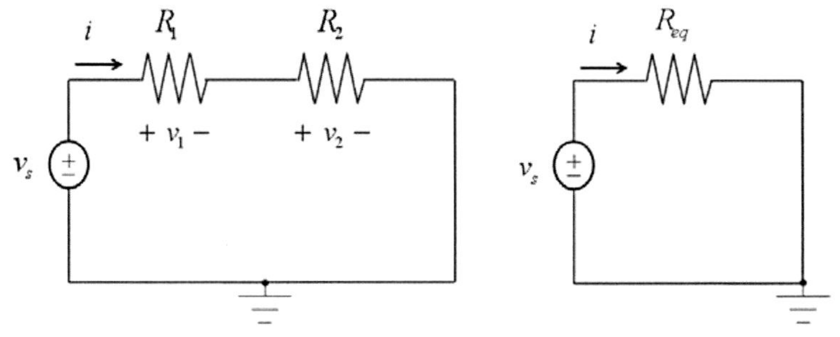

(a) 저항의 직렬 연결 (b) 등가 회로

▌그림 1-6

그림 1-6(a)에 대하여 키르히호프 전압법칙(KVL)을 적용하면,

$$v_s = v_1 + v_2$$

옴 법칙에 의해

$$v_1 = R_1 i,\ v_2 = R_2 i$$

따라서

$$v_s = R_1 i + R_2 i = (R_1 + R_2)i = R_{eq} i$$

$$R_{eq} = R_1 + R_2$$

이로부터 등가 회로를 그리면 그림 1-6(b)가 된다. 만약, N개의 저항이 직렬로 접속되면, 등가 저항은

$$R_{eq} = \sum_{n=1}^{N} R_n$$

가 된다.

2)저항의 병렬 연결

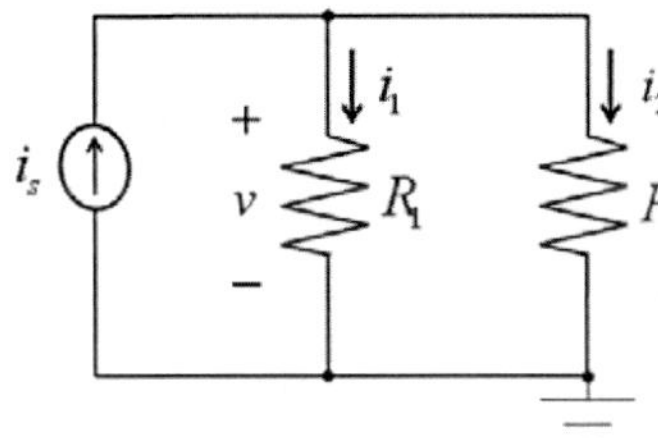

(a) 저항의 병렬 접속

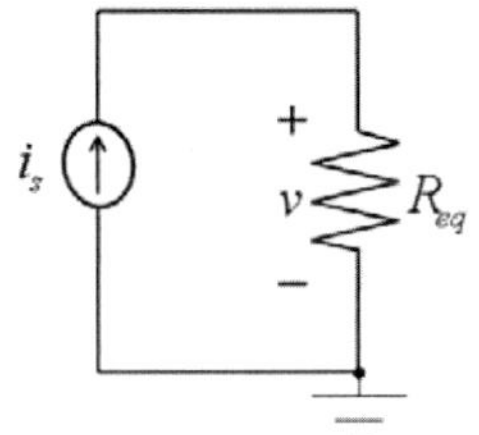

(b) 등가 회로

그림 1-7

그림 1-7(a)에 대하여 키르히호프 전류법칙(KCL)을 적용하면,

$$i_s = i_1 + i_2$$

옴의 법칙에 의해

$$v = R_1 i_1, \quad v = R_2 i_2$$

따라서

$$i_s = \frac{v}{R_1} + \frac{v}{R_2} = \left(\frac{1}{R_1} + \frac{1}{R_2}\right)v = \frac{1}{R_{eq}}$$

$$R_{eq} = \frac{1}{\dfrac{1}{R_1} + \dfrac{1}{R_2}}$$

또는

$$R_{eq} = \frac{R_1 R_2}{R_1 + R_2}$$

이로부터 등가 회로를 그리면 그림 1-7(b)가 된다. 만약, N개의 저항이 병렬로 접속되면, 등가 저항은

$$R_{eq} = \frac{1}{\sum_{n=1}^{N}\left(\dfrac{1}{R_n}\right)}$$

가 된다.

(4) 전압 및 전류 분배(division)

1) 전압 분배(Voltage division law)

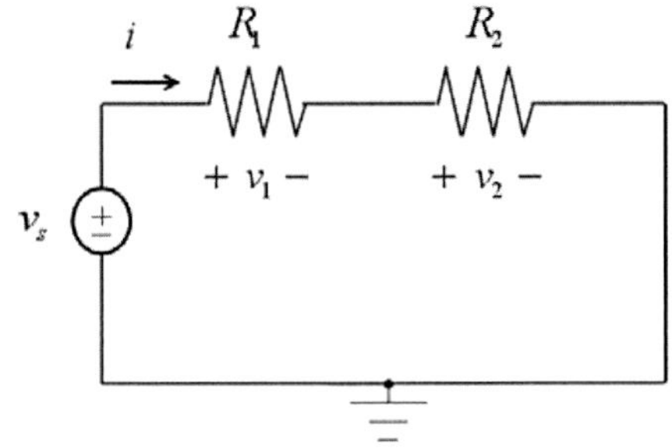

▌그림 1-8 전압 분배(Voltage division)

$$i = \frac{v_s}{R_1 + R_2}$$

이므로,

$$v_1 = R_1 i = \frac{R_1}{R_1 + R_2} v_s$$

$$v_2 = R_2 i = \frac{R_2}{R_1 + R_2} v_s$$

따라서 저항의 직렬 연결시 각각의 저항의 전압은 합성저항에 대한 각각의 저항의 비(ratio)를 전체 전압 v_s와 곱한 것이다.

2) 전류 분배 법칙(Current division law)

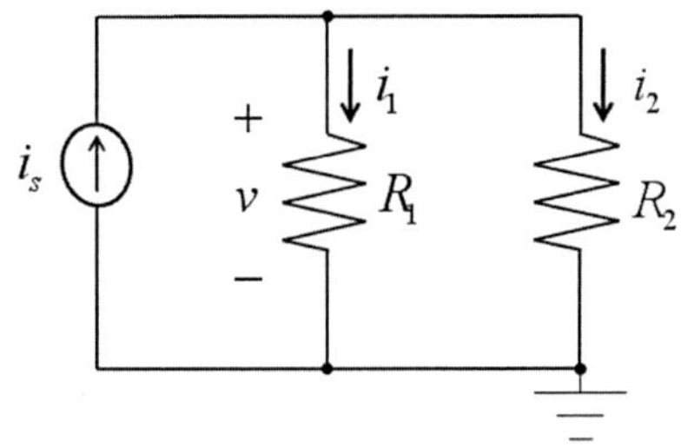

▌그림 1-9 전류 분배(Current division)

$$i_s = \left(\frac{1}{R_1} + \frac{1}{R_2}\right) v$$

로부터

$$v = \frac{i_s}{G_1 + G_2}, \quad G_1 = \frac{1}{R_1}, G_2 = \frac{1}{R_2}$$

따라서

$$i_1 = \frac{v}{R_1} = \frac{G_1}{G_1 + G_2} i_s,$$

$$i_2 = \frac{v}{R_2} = \frac{G_2}{G_1 + G_2} i_s$$

또는

$$i_1 = \frac{R_2}{R_1 + R_2} i_s,$$

$$i_2 = \frac{R_1}{R_1 + R_2} i_s$$

가 성립한다.

예제 2

다음 회로에서 3[Ω]에 흐르는 전류는 얼마인가?

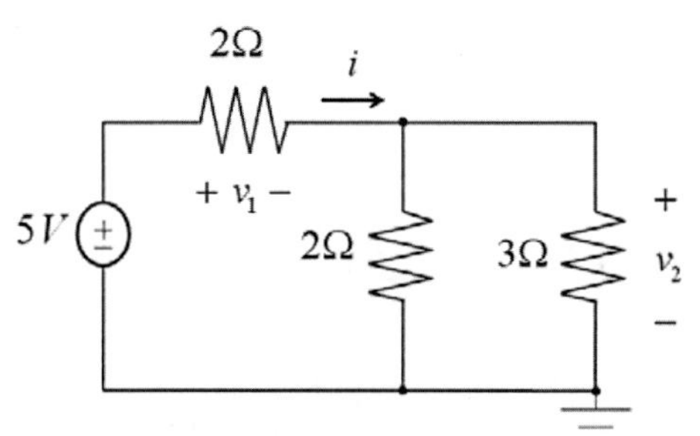

▌그림 1-10

풀이

전체전류 i는

$$i = \frac{7}{2 + \frac{2 \times 3}{2+3}} = \frac{35}{16}$$

전류 분배법칙에 의해 3[Ω]에 흐르는 전류는

$$i_{3\Omega} = \frac{2}{2+3} \times \frac{35}{16} = \frac{7}{8} [A]$$

예제 3

다음 회로에서 각각의 저항에 대한 지로전압 및 전류를 각각 계산하라.

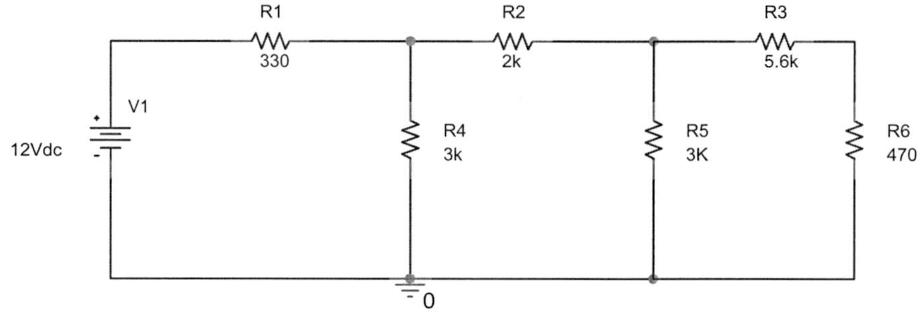

▌그림 1-11 전압분배 및 전류 분배법칙 예제

우측 지로로부터 저항을 간략화하면, R_{p1} 및 R_{p2}를 각각 얻게 된다.

$$R_{p1}=(3k)\parallel(0.47k+5.6k)=\frac{(0.47+5.6)\times 3}{0.47+5.6+3}\simeq 2k\Omega$$

$$R_{p2}=(3k)\parallel(4k)=\frac{3k\times 4k}{3k+4k}=\frac{12}{7}k\Omega$$

R_{p1} 및 R_{p2} 로부터 회로를 단순화하면, 그림 1-12 및 그림 1-13과 같이 된다.

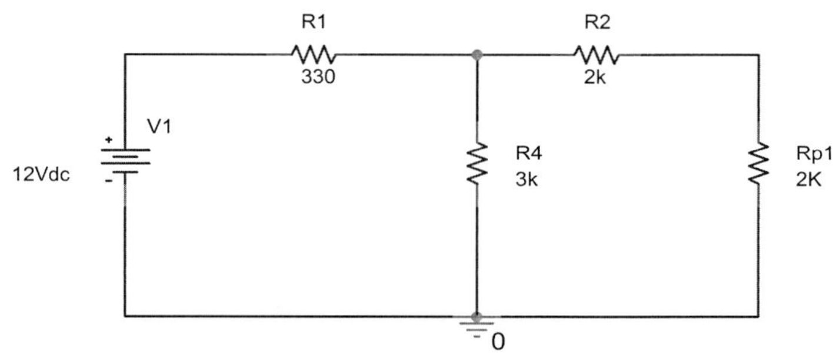

▌그림 1-12

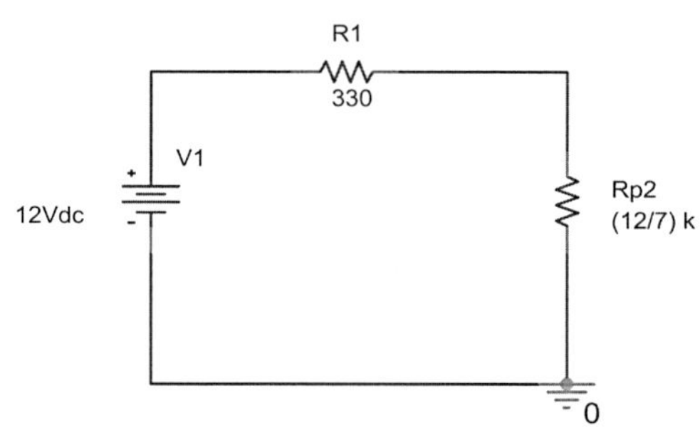

▌그림 1-13

따라서 좌측 지로 순으로 전류 분배 및 옴의 법칙을 적용하여 각 지로 전류 및 전압을 구하면 다음과 같다 :

$$I_{R1} = \frac{12}{0.33 + R_{p2}} \simeq 5.87mA, \quad V_{R1} = I_{R1} \times R_1 \simeq 1.937\,V$$

$$I_{R4} = I_{R1} \times \frac{4k}{3k+4k} \simeq 3.354mA, \quad V_{R4} = I_{R4} \times R_4 \simeq 10.062\,V$$

$$I_{R2} = I_{R1} \times \frac{3k}{3k+4k} \simeq 2.516mA, \quad V_{R2} = I_{R2} \times R_2 \simeq 5.032\,V$$

$$I_{R3} = I_{R6} = I_{R2} \times \frac{3k}{3k+5.6k+0.47} \simeq 0.832mA.$$

$$V_{R3} = I_{R3} \times R_3 \simeq 4.659\,V$$

$$V_{R6} = I_{R3} \times R_6 \simeq 0.39\,V$$

$$I_{R5} = I_{R2} \times \frac{5.6k+0.47}{3k+5.6k+0.47} \simeq 1.68mA, V_{R2} = I_{R2} \times R_5 \simeq 5.04\,V$$

(5) 저항에 걸리는 전압의 측정

그림 1-11에서 R_2 양단의 전압을 측정하려고 하면, R_2저항 양단에 전압계(Voltage meter)를 병렬로 접속하고, red 선을 전압계의 + 양극에 연결하고 black 선을 - 음극에 삭삭 연결한다. 마지막으로 측정하고 자 하는 저항의 양단의 전압을 측정한다. 따라서 전압계의 측정값은 다음과 같이 된다.

$$V = \frac{R_2}{R_1 + R_2} V[V]$$

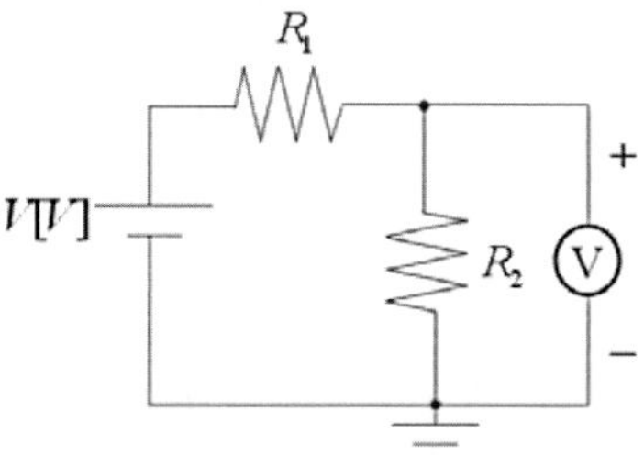

▌그림 1-14 전압의 측정

(6) 저항에 흐르는 전류의 측정

그림 1-12 회로에서 전류를 측정하려고 한다면, R_1과 R_2사이의 선로(line)를 개방하고, 그 사이에 전류계(Current meter)를 직렬로 접속한다. 이때, red 선을 전류계의 + 양극에 연결하고 black 선을 전류계의 - 음극에 연결한다. 그 다음 개방한 선로의 양단의 전류를 측정한다. 그림으로 부터 구한 전류값은 다음과 같이 된다.

$$I = \frac{V}{R_1 + R_2}[A]$$

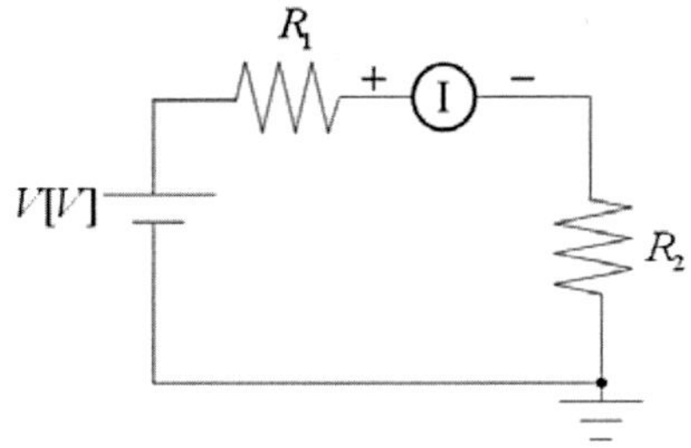

▌그림 1-15 전류의 측정

(7) 저항값 칼라 판별

저항은 정격 허용전력에 따라 여러 종류가 있다. $\frac{1}{8}W$, $\frac{1}{4}W$, $\frac{1}{2}W$, $1W$, $2W$ 정격의 리드 저항과 $5W$이상의 고전력 정격을 위한 시멘트 저항과 병렬로 구성된 5 pin, 9 pin 에레이(array) 저항 및 가변 저항등이 있다. 표 1-1은 저항값의 색(color) 판별기준을 나타내고 있다.

- 노란색-보라색-적색-금색 : $47 \times 10^2 \Omega$ ±5% 즉, $4.7k\Omega$ ±5%
- 갈색-검은색-갈색-은색 : $10 \times 10^1 \Omega$ ±10% 즉, 100Ω ±10%
- 주황색-주황색-주황색-무색 : $33 \times 10^3 \Omega$ ±20% 즉, $33k\Omega$ ±20%

▌표 1-1▌ 저항값 색(color) 판별("기초회로실험", 백주기, 성안당 참조)

	첫째 띠 색 10의 자릿수	둘째 띠 색 1의 자릿수	셋째 띠 색 10의 승수	넷째 띠 색 오차
검은색(black)	0	0	10^0	–
갈색(brown)	1	1	10^1	±1%
적색(red)	2	2	10^2	±2%
주황색(orange)	3	3	10^3	
노란색(yellow)	4	4	10^4	
초록색(green)	5	5	10^5	
파랑색(blue)	6	6	10^6	
보라색(viloet)	7	7	10^7	
회색(gray)	8	8	10^8	
흰색(white)	9	9	10^9	
금색(gold)	–	–	10^{-1}	±5%
은색(silver)	–	–	10^{-2}	±10%
무색(no color)	–	–		±20%

3 실험 기기 및 부품

(1) 저항 : 2k, 3k, 5k 각 1개

(2) 디지털 멀티미터(DMM) 1대

(3) 직류 전원 공급기 1대

4 실험절차

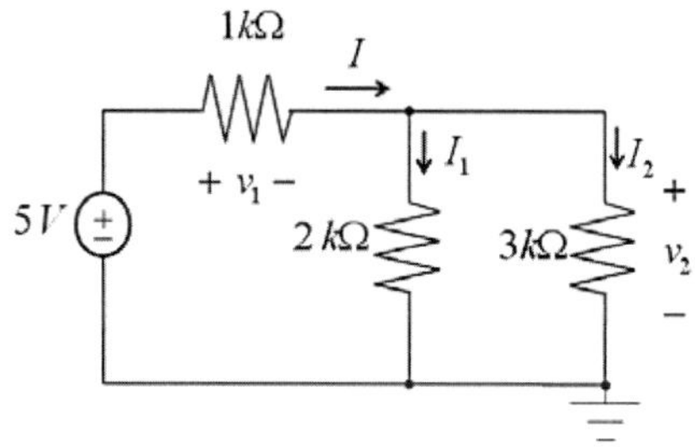

▌그림 1-16

(1) 그림 1-16의 회로를 구성하라.

1) $v_1[V]$ 및 $v_2[V]$의 전압을 각각 측정하고 표 1-2에 기록하라.

▌표 1-2▌ $v_1[V]$ 및 $v_2[V]$

V_1(계산치)	V_2(측정치)	V_2(계산치)	V_2(측정치)

2) I, I_1 및 I_2을 각각 측정하고 표 1-3에 기록하라. 옴의 법칙 $v=iR$이 성립함을 확인하라.

$$V_1 = R_1 I$$

$$V_2 = R_2 I_2 = R_3 I_3$$

| 표 1-3 | I, I_1 및 I_2

I(계산치)	I(측정치)	I_1(계산치)	I_1(측정치)	I_2(계산치)	I_2(측정치)

(2) (1)로 부터 키르히호프의 전압법칙

$$V_i = V_1 + V_2$$

이 성립함을 확인하라.

(3) (2)로 부터 키르히호프의 전류법칙

$$I = I_1 + I_2$$

이 성립함을 확인하라.

(4) 전압 및 전류 분배법칙이 성립함을 확인하라.

$$v_1 = \frac{R_1}{R_1 + R_2} v_i$$

$$v_2 = \frac{R_2}{R_1 + R_2} v_i$$

$$i_1 = \frac{R_2}{R_1 + R_2} i$$

$$i_2 = \frac{R_1}{R_1 + R_2} i$$

(5) 그림 1-17에서 각각의 지로전압 및 전류를 각각 측정하고 표 1-4와 표 1-5에 기록하라.

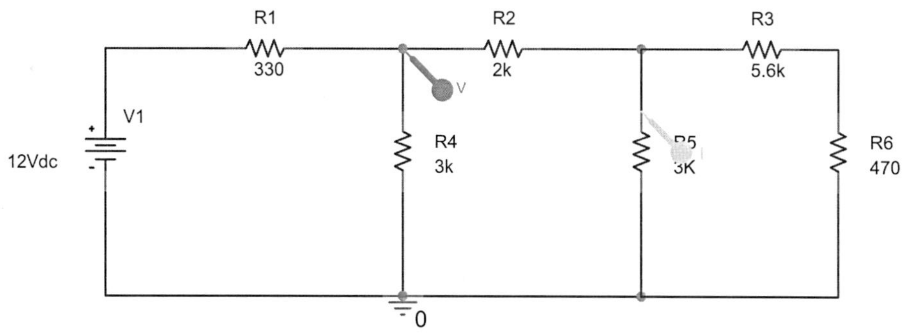

▌그림 1-17

▌표 1-4▐

	계산값	측정값
I_{R1}		
I_{R2}		
I_{R3}		
I_{R4}		
I_{R5}		
I_{R6}		

▌표 1-5▐

	계산값	측정값
V_{R1}		
V_{R2}		
V_{R3}		
V_{R4}		
V_{R5}		
V_{R6}		

(6) 표 1-4로부터 키르히호프 전류 법칙 : 다음 관계식들이 성립하는지 확인하라.

$$I_{R1} = I_{R2} + I_{R4}$$

$$I_{R2} = I_{R3} + I_{R5}$$

(7) 표 1-5로부터 키르히호프 전압 법칙 : 다음 관계식들이 성립하는지 확인하라.

$$V_i = V_{R1} + V_{R4}$$

$$V_i = V_{R1} + V_{R2} + V_{R5}$$

$$V_i = V_{R1} + V_{R2} + V_{R3} + V_{R6}$$

실험 2 절점(node) 해석법

1 실험 목적

(1) 절점 해석법을 이해한다.

2 기본 이론

(1) 절점 해석법(node analysis)

회로망내에서 하나의 기준절점(reference node)을 잡고 그 전위를 0으로 잡는다. 그리고 다른 절점들의 상대전위를 모두 구함으로써 각 절점간의 가지 전류(branch current) 및 가지전압(branch voltage)을 구할 수 있는 방법을 절점 해석법(node analysis) 이라고 말한다. 기준절점을 제외한 절점의 개수만큼 KCL 방정식을 세우고, 각 가지의 전류 및 전압을 구한다. 그림 2-1에서 가지 전압은 v이고, $5k\Omega$에 대하여 절점 v에서 기준 절점을 향해 흐르는 가지 전류는

$$I_{5k} = \frac{v}{5k}$$

이다. 마찬가지로, $3k\Omega$에 대하여 절점 v 에서 $8V$로 향해 흐르는 가지 전류는

$$I_{3k} = \frac{v-8}{3k}$$

이고, $2k\Omega$에 대하여 절점 v에서 $5V$로 향해 흐르는 가지 전류는

$$I_{2k} = \frac{v-5}{3k}$$

가 된다.

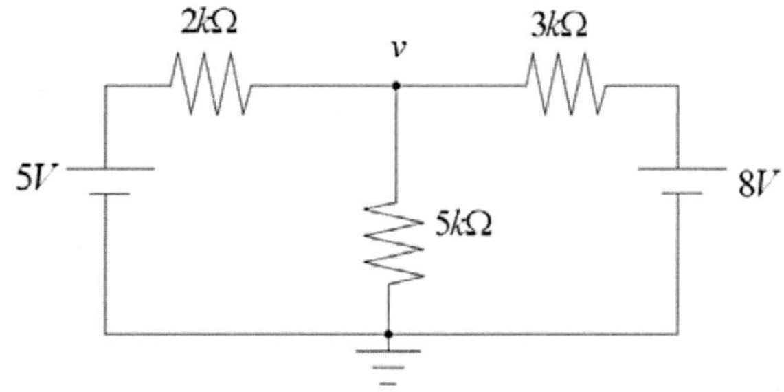

▌그림 2-1 절점(node) 해석법

그림 2-1에서, $5k\Omega$에 흐르는 가지 전류를 절점(node) 해석법으로 풀어보기로 하자. 절점v에서 KCL 방정식을 구하면,

$$\frac{v-5}{2k}+\frac{v}{5k}+\frac{v-8}{3k}=0$$

$$\frac{v-5}{2k}+\frac{v}{5k}+\frac{v-8}{3k}=0$$

$$15(v-5)+6v+10(v-8)=0$$

$$v=\frac{155}{31}=5\ V$$

따라서 $5k\Omega$에 흐르는 전류는

$$I=\frac{155/31}{5k}=1mA$$

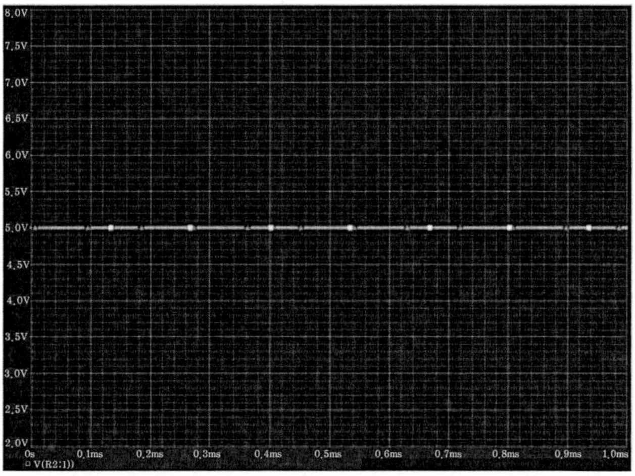

▌그림 2-2 시뮬레이션 결과($v=\frac{155}{31}=5\ V$)

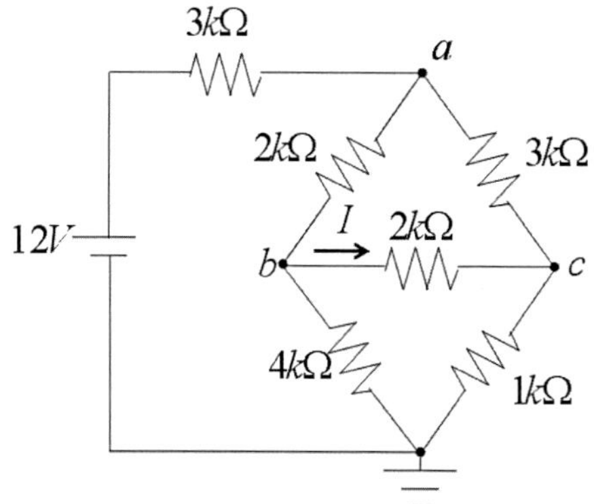

▌그림 2-3 브릿지 회로

그림 2-3 브릿지 회로에서 $b-c$ 단자사이의 $2k\Omega$에 흐르는 전류를 구하기 위하여 절점(node) 해석법으로 풀어보기로 하자. 절점 a,b,c에서 KCL 방정식을 각각 구하면,

$$\frac{v_a-12}{3k}+\frac{v_a-v_b}{2k}+\frac{v_a-v_c}{3k}=0$$

$$\frac{v_b-v_a}{2k}+\frac{v_b\ \ \ v_c}{2k}+\frac{v_b}{4k}=0$$

$$\frac{v_c-v_a}{3k}+\frac{v_c-v_b}{2k}+\frac{v_c}{1k}=0$$

행렬로 나타내면,

$$\begin{bmatrix} \frac{1}{3k}+\frac{1}{2k}+\frac{1}{3k} & -\frac{1}{2k} & -\frac{1}{3k} \\ -\frac{1}{2k} & \frac{1}{2k}+\frac{1}{2k}+\frac{1}{4k} & -\frac{1}{2k} \\ -\frac{1}{3k} & -\frac{1}{2k} & \frac{1}{3k}+\frac{1}{2k}+\frac{1}{1k} \end{bmatrix} \begin{bmatrix} v_a \\ v_b \\ v_c \end{bmatrix} = \begin{bmatrix} \frac{12}{3k} \\ 0 \\ 0 \end{bmatrix}$$

크래머 공식(Cramer rule)에 의해 각각의 가지 전압 v_a, v_b 및 v_c를 각각 나타내면 다음과 같다 :

$$v_a = \frac{\begin{vmatrix} \frac{12}{3k} & -\frac{1}{2k} & -\frac{1}{3k} \\ 0 & \frac{1}{2k}+\frac{1}{2k}+\frac{1}{4k} & -\frac{1}{2k} \\ 0 & -\frac{1}{2k} & \frac{1}{3k}+\frac{1}{2k}+\frac{1}{1k} \end{vmatrix}}{\begin{vmatrix} \frac{1}{3k}+\frac{1}{2k}+\frac{1}{3k} & -\frac{1}{2k} & -\frac{1}{3k} \\ -\frac{1}{2k} & \frac{1}{2k}+\frac{1}{2k}+\frac{1}{4k} & -\frac{1}{2k} \\ -\frac{1}{3k} & -\frac{1}{2k} & \frac{1}{3k}+\frac{1}{2k}+\frac{1}{1k} \end{vmatrix}}$$

$$v_b = \frac{\begin{bmatrix} \frac{1}{3k}+\frac{1}{2k}+\frac{1}{3k} & \frac{12}{3k} & -\frac{1}{3k} \\ -\frac{1}{2k} & 0 & -\frac{1}{2k} \\ -\frac{1}{3k} & 0 & \frac{1}{3k}+\frac{1}{2k}+\frac{1}{1k} \end{bmatrix}}{\begin{vmatrix} \frac{1}{3k}+\frac{1}{2k}+\frac{1}{3k} & -\frac{1}{2k} & -\frac{1}{3k} \\ -\frac{1}{2k} & \frac{1}{2k}+\frac{1}{2k}+\frac{1}{4k} & -\frac{1}{2k} \\ -\frac{1}{3k} & -\frac{1}{2k} & \frac{1}{3k}+\frac{1}{2k}+\frac{1}{1k} \end{vmatrix}}$$

$$v_c = \frac{\begin{bmatrix} \frac{1}{3k}+\frac{1}{2k}+\frac{1}{3k} & -\frac{1}{2k} & \frac{12}{3k} \\ -\frac{1}{2k} & \frac{1}{2k}+\frac{1}{2k}+\frac{1}{4k} & 0 \\ -\frac{1}{3k} & -\frac{1}{2k} & 0 \end{bmatrix}}{\begin{vmatrix} \frac{1}{3k}+\frac{1}{2k}+\frac{1}{3k} & -\frac{1}{2k} & -\frac{1}{3k} \\ -\frac{1}{2k} & \frac{1}{2k}+\frac{1}{2k}+\frac{1}{4k} & -\frac{1}{2k} \\ -\frac{1}{3k} & -\frac{1}{2k} & \frac{1}{3k}+\frac{1}{2k}+\frac{1}{1k} \end{vmatrix}}$$

각각의 분자 및 분모를 통분하여 단순화 하면

$$v_a = \frac{\begin{vmatrix} 48 & -6 & -4 \\ 0 & 15 & -6 \\ 0 & -6 & 22 \end{vmatrix}}{\begin{vmatrix} 14 & -6 & -4 \\ -6 & 15 & -6 \\ -4 & -6 & 22 \end{vmatrix}}$$

$$v_b = \frac{\begin{vmatrix} 14 & 48 & -4 \\ -6 & 0 & -6 \\ -4 & 0 & 22 \end{vmatrix}}{\begin{vmatrix} 14 & -6 & -4 \\ -6 & 15 & -6 \\ -4 & -6 & 22 \end{vmatrix}}$$

$$v_c = \frac{\begin{vmatrix} 14 & -6 & 48 \\ -6 & 15 & 0 \\ -4 & -6 & 0 \end{vmatrix}}{\begin{vmatrix} 14 & -6 & -4 \\ 6 & 15 & -6 \\ -4 & -6 & 22 \end{vmatrix}}$$

먼저, 분자 및 분모의 각각의 행렬식의 값들을 구하면,

$$\begin{vmatrix} 14 & -6 & -4 \\ -6 & 15 & -6 \\ -4 & -6 & 22 \end{vmatrix} = 14\begin{vmatrix} 15 & -6 \\ -6 & 22 \end{vmatrix} + 6\begin{vmatrix} -6 & -6 \\ -4 & 22 \end{vmatrix} - 4\begin{vmatrix} -6 & 15 \\ -4 & -6 \end{vmatrix}$$

$$= 14(330-36) + 6(-132-24) - 4(36+60)$$

$$= 4116 - 936 - 384$$

$$= 2796$$

$$\begin{vmatrix} 48 & -6 & -4 \\ 0 & 15 & -6 \\ 0 & -6 & 22 \end{vmatrix} = 48\begin{vmatrix} 15 & -6 \\ -6 & 22 \end{vmatrix} = 48(330-36) = 14,112$$

$$\begin{vmatrix} 14 & 48 & -4 \\ -6 & 0 & -6 \\ -4 & 0 & 22 \end{vmatrix} = -48\begin{vmatrix} -6 & -6 \\ -4 & 22 \end{vmatrix} = -48(-132-24) = 7,488$$

$$\begin{vmatrix} 14 & -6 & 48 \\ -6 & 15 & 0 \\ -4 & -6 & 0 \end{vmatrix} = 48\begin{vmatrix} -6 & 15 \\ -4 & -6 \end{vmatrix} = 48(36+60) = 4608$$

따라서

$$v_a = \frac{14112}{2796}, \quad v_b = \frac{7488}{2796}, \quad v_b = \frac{4608}{2796}$$

$b-c$ 단자사이의 $2k\Omega$에 흐르는 전류 I_{bc}는

$$I_{bc} = \frac{v_b - v_c}{2k} = \frac{2880}{5592k} = \frac{120}{233k} \approx 0.515\,mA$$

한편, $4k\Omega$ 에 흐르는 전류 I_{4k}는

$$I_{4k} = \frac{v_b}{2k} = \frac{7488}{5592k} \approx 0.67\,mA$$

$a-b$ 단자사이의 $2k\Omega$ 에 흐르는 전류I_{ab}는

$$I_{ab}=\frac{v_a-v_b}{2k}=\frac{6624}{5592k}=\frac{276}{233k}\approx 1.18\,mA$$

를 얻게 된다. 이로 부터,

$$I_{ab}=I_{bc}+I_{4k}$$

즉, 키르히호프 전류법칙이 성립함을 확인할 수 있다.

3 실험 기기 및 부품

(1) 저항: 2k, 3k, 5k 각 1개

(2) 디지털 멀티미터(DMM) 1대

(3) 직류 전원 공급기 1대

4 실험절차

(1) 그림 2-4의 회로를 구성하라. 절점 전압 v와 $2k\Omega$, $3k\Omega$ 및 $5k\Omega$에 흐르는 가지전류를 각각 측정하고 표 2-1에 기록하라. 계산값과 비교하여 보라.

1) v

2) $I_{2k}=\dfrac{v-5}{3k}$

3) $I_{3k}=\dfrac{v-8}{3k}$

4) $I_{5k}=\dfrac{v}{5k}$

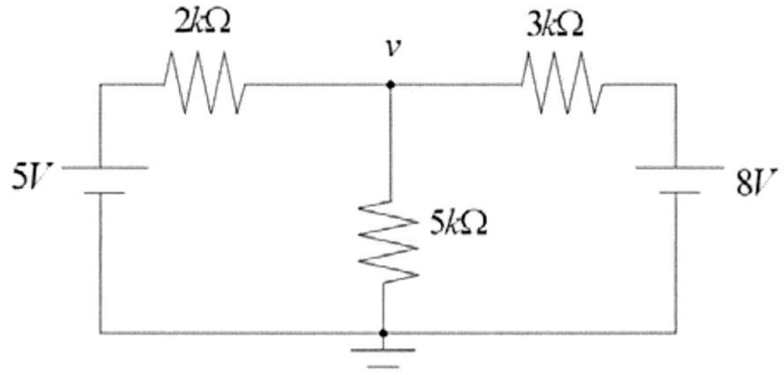

▍그림 2-4

▌표 2-1▐

	v	I_{2k}	I_{3k}	I_{5k}
계산값				
측정값				

(2) 그림 2-5의 회로를 구성하라. 마디 전압 v_a, v_b, v_c, $v_b - v_c$를 각각 측정하고 표 2-2에 기록하라. 계산값과 비교하여 보라.

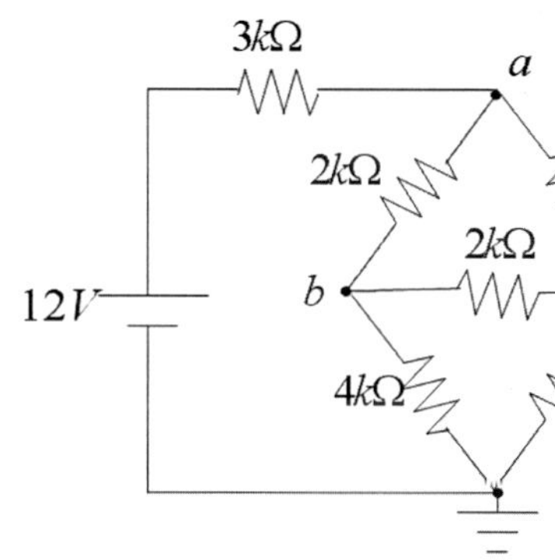

▌그림 2-5

▌표 2-2▐

	v_a	v_b	v_c	$v_b - v_c$
계산값				
측정값				

(3) 그림 2-5의 회로에서 가지 전류 I_{ab}, I_{ac}, I_{bc}, $I_b = I_{4k}$, $I_c = I_{1k}$, $I_{3k} = \dfrac{12 - v_a}{3k}$를 각각 측정하고 표 2-3에 기록하라. 계산값과 비교하여 보라.

▌표 2-3▐

	I_{ab}	I_{ac}	I_{bc}	$I_b = I_{4k}$	$I_c = I_{1k}$	$I_{3k} = \dfrac{12 - v_a}{3k}$
계산값						
측정값						

실험 3 루프 해석법(loop analysis)

1 실험 목적

(1) 루프 해석법을 이해한다.

2 기본 이론

(1)루프 해석법(loop analysis)

독립적인 각각의 루프(loop) 에 대하여 각각의 폐로 전류들을 구함으로써 각각의 가지 전류 및 전압을 구할 수 있는 방법을 폐로 해석법(loop analysis) 이라고 말한다. 루프안에 또 다른 루프를 포함하지 않을 때 그 루프를 메쉬(mesh) 라고 말한다. 그림 3-1 회로에서 폐로전류 I_1, I_2, I_3을 루프 해석법(loop analysis)에 의해 구하여 보자. 그림 3-1에서 루프 전류는 3개이고 메쉬 전류는 2개이다.

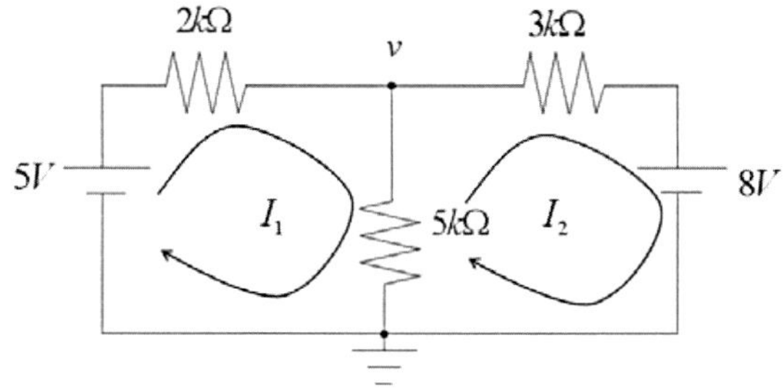

▌그림 3-1 루프 해석법(loop analysis)

$5k\Omega$에 대하여 절점 v에서 기준 절점을 향해 흐르는 가지 전류는

$$I_{5k} = \frac{v}{5k}$$

인데, 메쉬 전류 I_1과 I_2의 차와 같다. 즉,

$$I_{5k\Omega} = I_1 - I_2$$

마찬가지로, $3k\Omega$에 대하여 절점 v에서 $8\,V$로 향해 흐르는 가지 전류는

$$I_{3k} = I_2$$

가 되고, $2k\Omega$에 대하여 절점 v에서 $5\,V$로 향해 흐르는 가지 전류는

$$I_{2k} = I_1$$

가 된다. 2개의 메쉬 전류I_1과 I_2에 대하여 KVL 방정식을 각각 구하면

$$-5 + 2kI_1 + 5k(I_1 - I_2) = 0$$

$$3kI_2 + 5k(I_2 - I_1) + 8 = 0$$

행렬로 나타내면,

$$\begin{pmatrix} -5k & 8k \\ 7k & -5k \end{pmatrix}\begin{pmatrix} I_1 \\ I_2 \end{pmatrix} = \begin{pmatrix} -8 \\ 5 \end{pmatrix}$$

크래머 공식(Cramer rule) 에 의해 각각의 메쉬 전류I_1과 I_2를 구하면,

$$I_1 = \frac{\begin{vmatrix} -8 & 8k \\ 5 & -5k \end{vmatrix}}{\begin{vmatrix} -5k & 8k \\ 7k & -5k \end{vmatrix}} = \frac{40 - 40}{25 - 56} = 0$$

$$I_2 = \frac{\begin{vmatrix} -5k & -8 \\ 7k & 5 \end{vmatrix}}{\begin{vmatrix} -5k & 8k \\ 7k & -5k \end{vmatrix}} = \frac{-25k + 56k}{25k^2 - 56k^2} = -\frac{31}{31} = -1mA$$

따라서 $5k\Omega$, $2k\Omega$, $3k\Omega$에 흐르는 가지 전류는

$$I_{5k\Omega} = I_1 - I_2 = 1mA$$

$$I_{2k} = I_1 = 0$$

$$I_{3k} = I_2 = -1mA$$

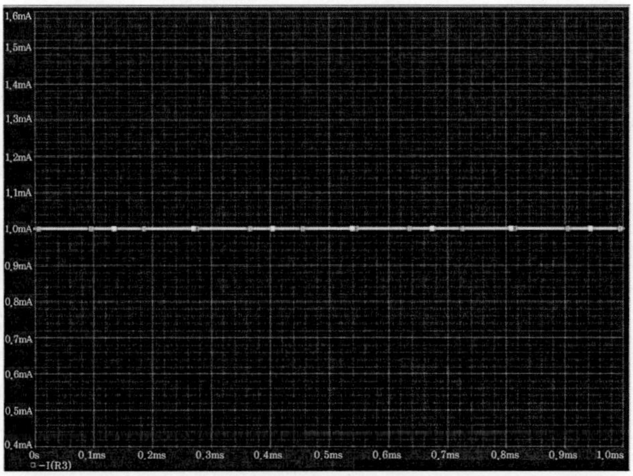

▌그림 3-2 시뮬레이션 결과 ($I_{5k\Omega} = I_1 - I_2 = 1mA$)

공학도를 위한 기초 회로 실험

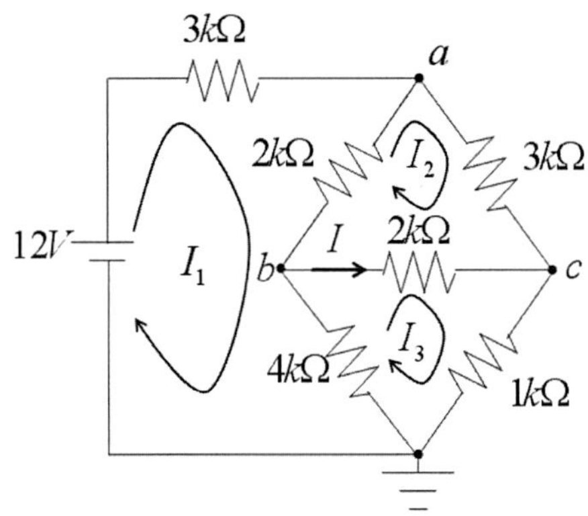

▌그림 3-3 브릿지 회로

그림 3-3 브릿지 회로에서 $b-c$ 단자사이의 $2k\Omega$에 흐르는 전류를 구하기 위하여 루프 해석법(loop analysis)에 의해 구하여 보자. 3개의 메쉬 전류 I_1, I_2 및 I_3에 대하여 KVL 방정식을 각각 구하면

$$-12+3kI_1+2k(I_1-I_2)+4k(I_1-I_3)=0$$

$$2k(I_2-I_1)+2k(I_2-I_3)+3kI_2=0$$

$$4k(I_3-I_1)+2k(I_3-I_2)+1kI_3=0$$

행렬로 나타내면,

$$\begin{bmatrix} 9k & -2k & -4k \\ -2k & 7k & -2k \\ -4k & -2k & 7k \end{bmatrix} \begin{bmatrix} I_1 \\ I_2 \\ I_3 \end{bmatrix} = \begin{bmatrix} 12 \\ 0 \\ 0 \end{bmatrix}$$

크래머 공식(Cramer rule)에 의해 각각의 메쉬 전류 I_1, I_2 및 I_3를 각각 나타내면 다음과 같다 :

$$I_1 = \frac{\begin{vmatrix} 12 & -2k & -4k \\ 0 & 7k & -2k \\ 0 & -2k & 7k \end{vmatrix}}{\begin{vmatrix} 9k & -2k & -4k \\ -2k & 7k & -2k \\ -4k & -2k & 7k \end{vmatrix}}$$

$$I_2 = \frac{\begin{vmatrix} 9k & 12 & -4k \\ -2k & 0 & -2k \\ -4k & 0 & 7k \end{vmatrix}}{\begin{vmatrix} 9k & -2k & -4k \\ -2k & 7k & -2k \\ -4k & -2k & 7k \end{vmatrix}}$$

$$I_3 = \frac{\begin{vmatrix} 9k & -2k & 12 \\ -2k & 7k & 0 \\ -4k & -2k & 0 \end{vmatrix}}{\begin{vmatrix} 9k & -2k & -4k \\ -2k & 7k & -2k \\ -4k & -2k & 7k \end{vmatrix}}$$

먼저, 분자 및 분모의 각각의 행렬식의 값들을 구하면,

$$\begin{vmatrix} 9k & -2k & -4k \\ -2k & 7k & -2k \\ -4k & -2k & 7k \end{vmatrix} = 9k\begin{vmatrix} 7k & -2k \\ -2k & 7k \end{vmatrix} + 2k\begin{vmatrix} -2k & -2k \\ -4k & 7k \end{vmatrix} - 4k\begin{vmatrix} -2k & 7k \\ -4k & -2k \end{vmatrix}$$

$$= 9k(49k^2 - 4k^2) + 2k(-14k^2 - 8k^2) - 4k(4k^2 + 28k^2)$$

$$= 9k \times 45k^2 + 2k \times (-22k^2) - 4k(32k^2)$$

$$= 405k^3 - 44k^3 - 128k^3$$

$$= 233k^3$$

$$\begin{vmatrix} 12 & -2k & -4k \\ 0 & 7k & -2k \\ 0 & -2k & 7k \end{vmatrix} = 12\begin{vmatrix} 7k & -2k \\ -2k & 7k \end{vmatrix}$$

$$= 12(49k^2 - 4k^2)$$

$$= 540k^2$$

$$\begin{vmatrix} 9k & 12 & -4k \\ -2k & 0 & -2k \\ -4k & 0 & 7k \end{vmatrix} = -12\begin{vmatrix} -2k & -2k \\ -4k & 7k \end{vmatrix}$$

$$= -12(-14k^2 - 8k^2)$$

$$= 264k^2$$

$$\begin{vmatrix} 9k & -2k & 12 \\ -2k & 7k & 0 \\ -4k & -2k & 0 \end{vmatrix} = 9k\begin{vmatrix} 7k & 0 \\ -2k & 0 \end{vmatrix} + 2k\begin{vmatrix} -2k & 0 \\ -4k & 0 \end{vmatrix} + 12\begin{vmatrix} -2k & 7k \\ -4k & -2k \end{vmatrix}$$

$$= 12(4k^2 + 28k^2)$$

$$= 384k^2$$

따라서

$$I_1 = \frac{540}{233}\,mA, \quad I_2 = \frac{264}{233}\,mA, \quad I_3 = \frac{384}{233}\,mA$$

$b-c$ 단자사이의 $2k\Omega$ 에 흐르는 전류 I_{bc}는

$$I_{bc} = I_3 - I_2 = \frac{120}{233k} \approx 0.515\,mA$$

한편, $4k\Omega$에 흐르는 전류 I_{4k}는

$$I_{4k} = I_1 - I_3 = \frac{156}{233k} \approx 0.67\,mA$$

$a-b$ 단자사이의 $2k\Omega$에 흐르는 전류I_{ab}는

$$I_{ab} = I_1 - I_2 = \frac{276}{233k} \approx 1.18\,mA$$

를 얻게 된다. 이로 부터,

$$I_{ab} = I_{bc} + I_{4k}$$

즉, 키르히호프 전류법칙이 성립함을 확인할 수 있다. 또한, 이와 같이 루프 전류로부터 각각의 지로 전류를 구할 수 있다.

3 실험 기기 및 부품

(1) 저항 : 2k, 3, 5k 각 1개

(2) 디지털 멀티미터(DMM) 1대

(3) 직류 전원 공급기 1대

4 실험절차

(1) 그림 3-4의 회로를 구성하라. 메쉬 전류$I_1 = I_{2k}$과 $I_2 = I_{3k}$를 각각 측정하고 표 3-1에 기록하라. 계산값과 비교하여 보라.

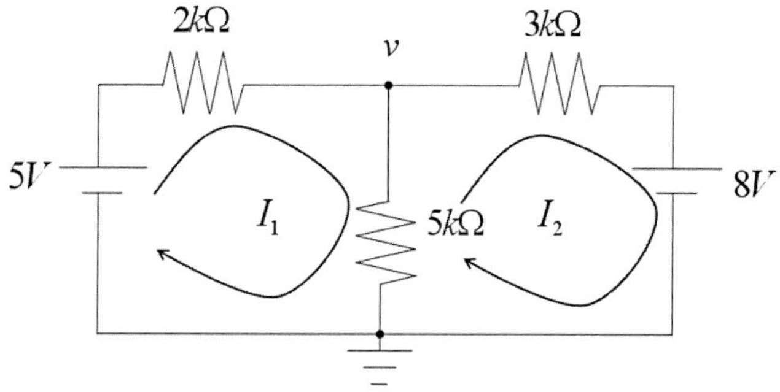

▌그림 3-4

(2) 마디전압 v 및 가지전류 $I_{5k} = \dfrac{v}{5k}$를 측정하고 표 3-1에 기록하라. 계산값과 비교하여 보라.

(3) $I_{5k\Omega} = I_1 - I_2$ 관계식이 성립함을 확인 하라.

▌표 3-1▐

	I_1	I_2	v	$I_{5k} = \frac{v}{5k}$
계산값				
측정값				

(4) 그림 3-5의 회로를 구성하라. I_1, I_2, I_3를 각각 측정하고 표 3-2에 기록하라. 계산값과 비교하여 보라.

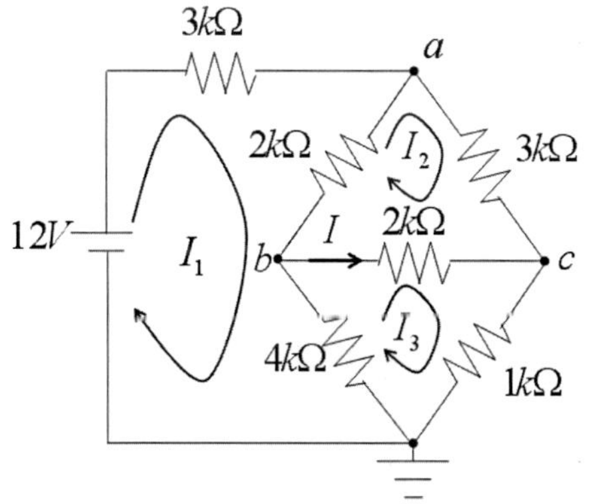

▌그림 3-5

▌표 3-2▐

	I_1	I_2	I_3	$I = I_2 - I_3$
계산값				
측정값				

실험 4 중첩의 정리

1 실험 목적

(1) 중첩의 원리를 이해한다.

2 기본 이론

(1) 중첩의 원리

중첩의 원리의 정의는 주어진 선형 회로망이 여러 개의 독립 전원을 포함 하고 있을 때, 임의의 소자의 전압과 가지전류는 각각의 전원을 독립적으로 인가할 때의 소자의 가지전압 및 가지 전류의 대수적인 합(algebraic sum)과 같다는 의미이다. 여기서, 대수적 합이란 방향에 따른 부호를 고려한 더하기를 의미한다. 그림 4-1에서 $8\,V$를 단락시키고, $5\,V$만 인가시 출력 전압을 $v_{o1}(t)$ 라고 정하고 $5\,V$를 단락시키고, $8\,V$만 인가시 출력 전압을 $v_{o2}(t)$라고 정할 때, $v_{o1}(t)$ 및 $v_{o2}(t)$를 각각 계산하면,

$$v_{01}(t) = 5 \times \frac{3 \parallel 5}{2 + 3 \parallel 5} = 5 \times \frac{\frac{15}{8}}{2 + \frac{15}{8}} = 5 \times \frac{15}{16 + 15} = \frac{75}{31}\ V$$

$$v_{02}(t) = 8 \times \frac{2 \parallel 5}{3 + 2 \parallel 5} = 8 \times \frac{\frac{10}{7}}{3 + \frac{10}{7}} = 8 \times \frac{10}{21 + 10} = \frac{80}{31}\ V$$

따라서 $i_{01}(t) = \frac{v_{o1}(t)}{5k}$, $i_{o2}(t) = \frac{v_{o2}(t)}{5k}$ 를 각각 구하면

$$i_{01}(t) = \frac{v_{o1}(t)}{5k} = \frac{\frac{75}{31}}{5k} = \frac{15}{31}\ mA$$

$$i_{o2}(t) = \frac{v_{o2}(t)}{5k} = \frac{\frac{80}{31}}{5k} = \frac{16}{31}\, mA$$

따라서

$$v_0(t) = v_{01}(t) + v_{02}(t) = \frac{75}{31} + \frac{80}{31} = \frac{155}{31}\,[V]$$

$$i_o(t) = i_{o1}(t) + i_{o2}(t) = \frac{15}{31} + \frac{16}{31} = 1\, mA$$

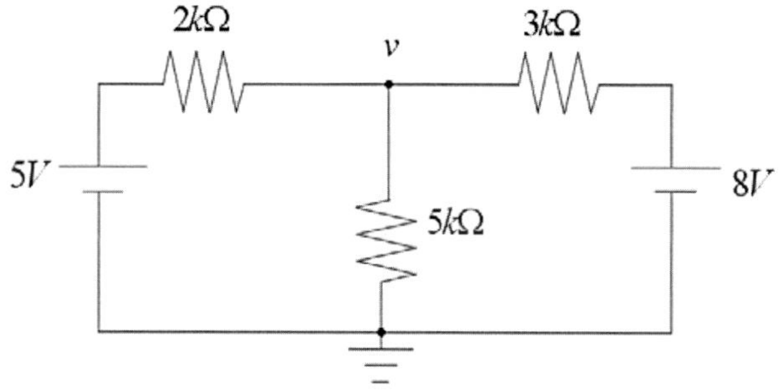

▌그림 4-1 중첩의 원리

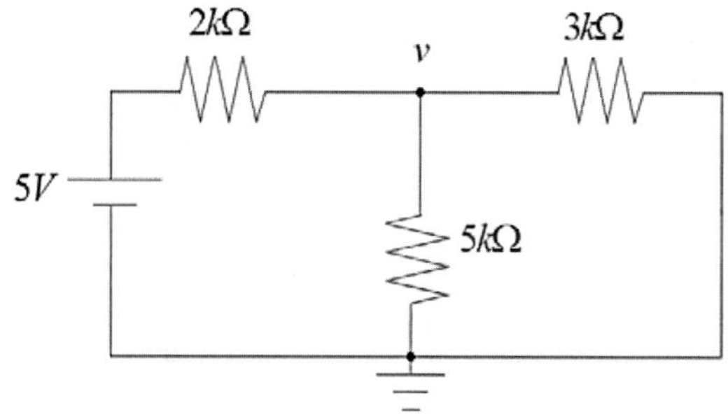

▌그림 4-2 $v_{o1}(t)$에 의한 회로

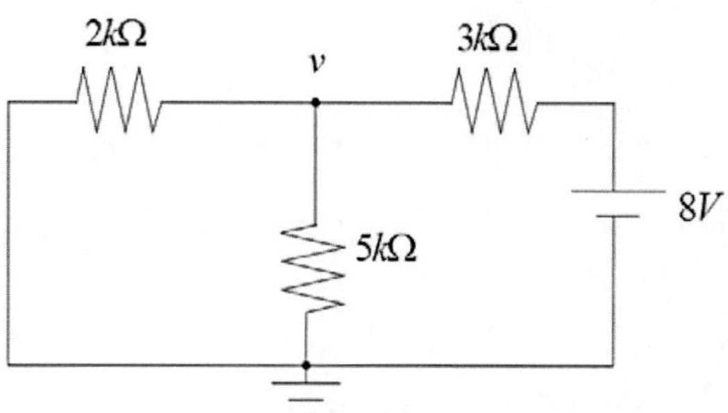

▌그림 4-3 $v_{o2}(t)$에 의한 회로

다음으로, 절점(node) 해석법으로 풀어보기로 하자. 절점 v에서 KCL 방정식을 구하면,

$$\frac{v-5}{2k}+\frac{v}{5k}+\frac{v-8}{3k}=0$$

$$\frac{v-5}{2k}+\frac{v}{5k}+\frac{v-8}{3k}=0$$

$$15(v-5)+6v+10(v-8)=0$$

$$v=\frac{155}{31}=5\ V$$

따라서 $5k\Omega$에 흐르는 전류는

$$I=\frac{155/31}{5k}=1mA$$

이로부터 중첩의 원리를 이용하여 구한 결과와 일치함을 알 수 있다.

3 실험 기기 및 부품

(1) 저항 : 2k, 3k, 5k 각 1개

(2) 디지털 멀티미터(DMM) 1대

(3) 직류 전원 공급기 1대

4 실험절차

(1) 그림 4-4의 회로를 구성하라. $5k\Omega$에 흐르는 가지전류 $i_o(t)=\frac{v_o(t)}{5k}$를 측정하라.

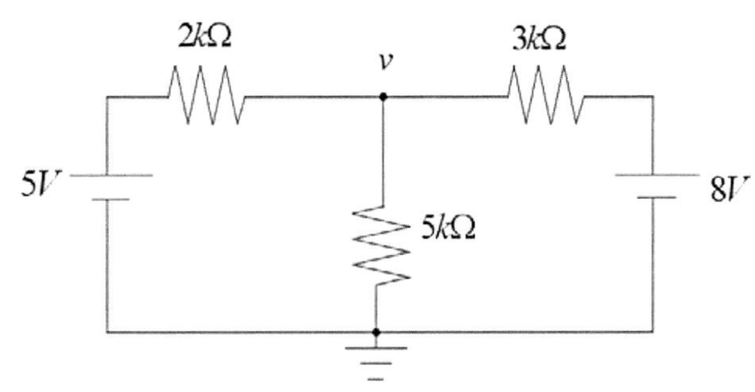

그림 4-4

(2) 그림 4-5의 회로를 구성하라. $5k\Omega$에 흐르는 가지전류$i_{01}(t) = \frac{v_{o1}(t)}{5k}$를 측정하라.

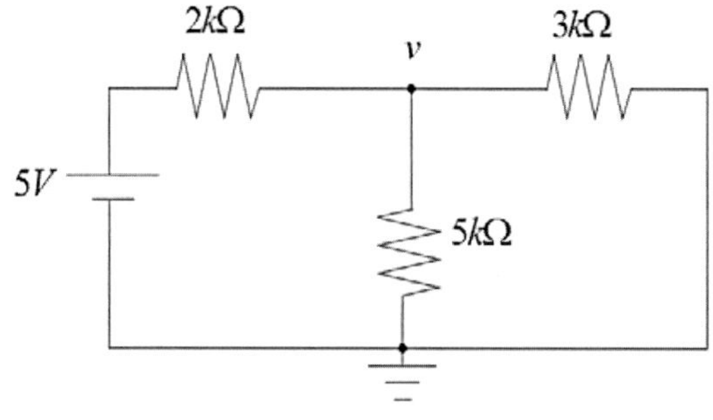

▌그림 4-5

(3) 그림 4-6의 회로를 구성하라. $5k\Omega$에 흐르는 가지전류$i_{o2}(t) = \frac{v_{o2}(t)}{5k}$를 측정하라.

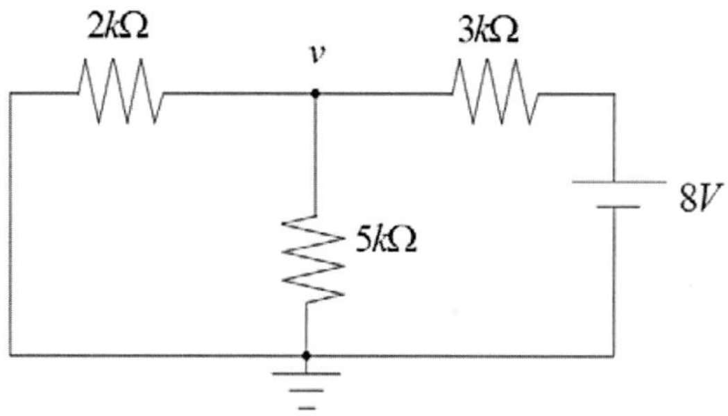

▌그림 4-6

▌표 4-1▌

	계산값	측정값
$i_{01}(t) = \frac{v_{o1}(t)}{5k}$		
$i_{o2}(t) = \frac{v_{o2}(t)}{5k}$		
$i_o(t) = i_{o1}(t) + i_{o2}(t)$		

(4) 중첩의 정리가 성립함을 확인하라.

실험 5 태브낭의 정리 및 노튼의 정리 실험

1 실험 목적

(1) 테브낭 정리를 실험을 통해 이해한다.

(2) 테브낭 개방 전압(Thevenin's open voltage) v_{oc}의 정의를 이해한다.

(3) 테브낭 등가 저항(Thevenin's equvalent resistance) R_{th}의 정의를 이해한다.

(4) 노튼의 정리(Norton's theorem)를 실험을 통해 이해한다.

(5) 노튼 단락 전류(Norton's short-circuit current) I_{sc}의 정의를 이해한다.

2 기본 이론

(1) 테브낭 정리

그림 5-1과 같은 선형 능동 회로망은 독립된(independent) 테브낭 등가 개방 전압(open-circuit voltage) v_{oc}과 테브낭 등가 저항R_{th}의 직렬연결로 대치할 수 있다. 테브낭 개방 전압(open-circuit voltage)은 단자 a와 b사이를 개방(open), 즉 부하를 제거하였을 때, a와 b사이의 전압으로 정의한다. 그리고 테브낭 등가 저항은 회로망내부의 모든 독립전압원을 단락시키고, 독립전류원을 개방시켰을 때, 단자 $a-b$에서 능동 회로망 내부에 대한 전체 합성 저항으로 정의한다. 이것을 테브낭의 정리(Thevenin's theorem)라고 한다. 그림 5-1 선형 능동회로망을 테브낭 등가 회로로 표시하면, 그림 5-2와 같다.

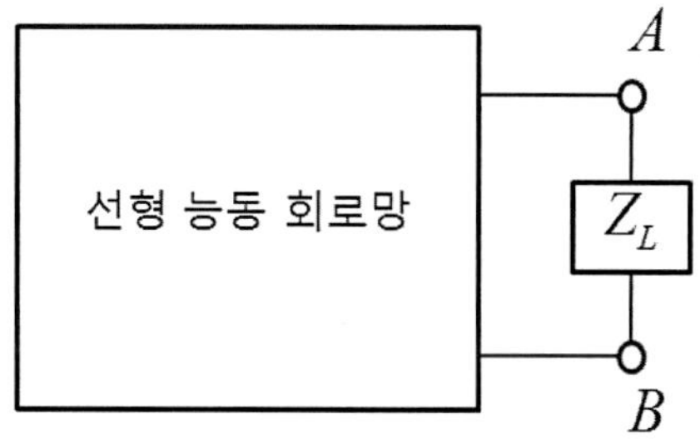

▍그림 5-1 선형 능동 회로망

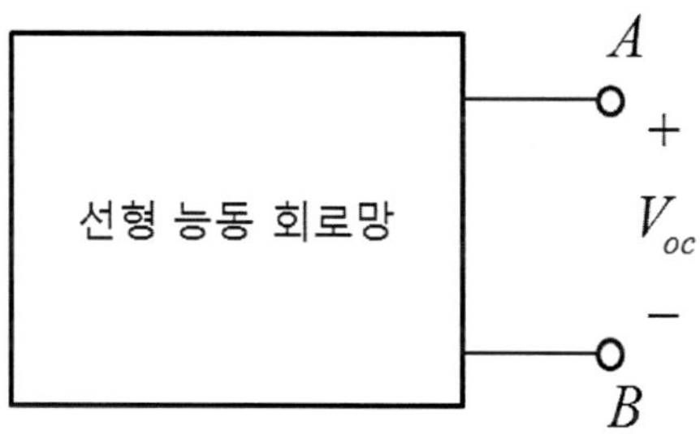

▍그림 5-2 테브낭 등가 개방 전압 (open-circuit voltage) v_{oc}의 정의

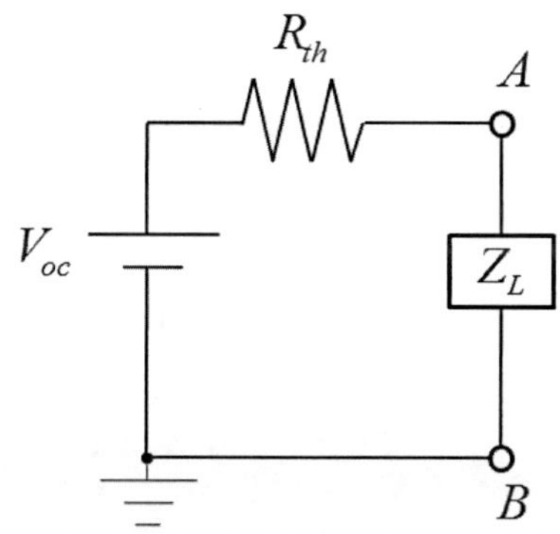

▍그림 5-3 테브낭 등가 회로

(2) 노튼의 정리(Norton's theorem)

선형 능동 회로망은 독립된(independent) 등가 단락 전류(short-circuit current) I_{sc}와 등가 저항R_{eq}의 병렬연결로 대치할 수 있다. 독립된(independent) 등가 단락 전류(short-circuit current)I_{sc}은 단자 a와 b사이를 단락(short)시켰을 때, 단자 a와 b사이에 흐르는 전류I_{sc}로 정의한다.

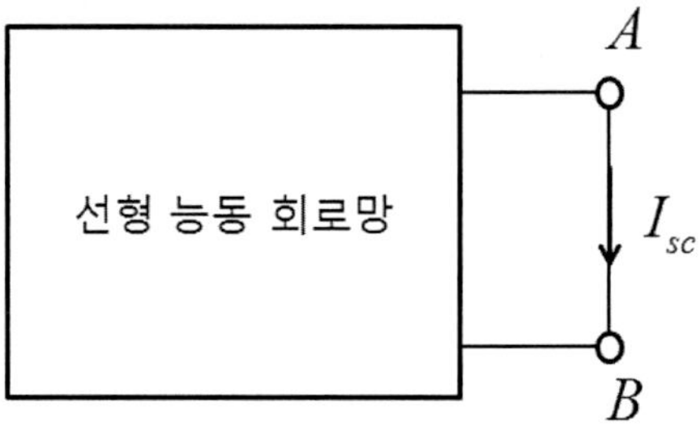

▌그림 5-4 등가 단락 전류(short-circuit current) I_{sc}의 정의

또한, 노튼 등가 저항R_{eq}은 회로망내부의 모든 독립전압원을 단락시키고, 독립전류원을 개방시킨 후, a와 b사이에서 능동 회로망 내부에 대해 구한 합성 저항을 말한다. 이를 노튼의 정리(Norton's theorem)라고 한다. 등가 회로로 표시하면, 다음 그림 5-5와 같다.

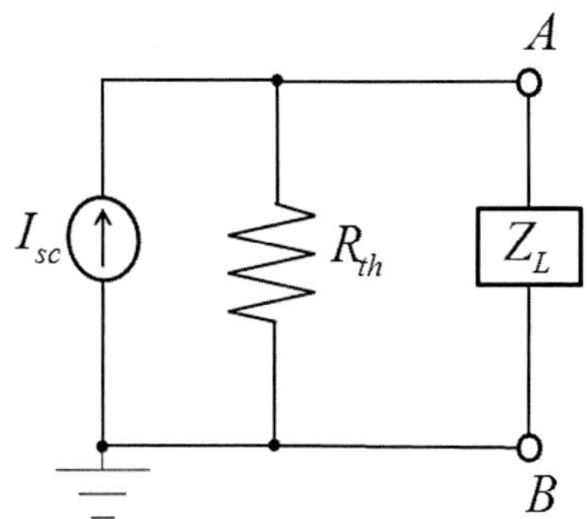

▌그림 5-5 노튼의 등가 회로

전원 등가 변형에 의해, $V_{oc} = I_{sc}R_{eq}$ 가 성립한다.

예제 1 테브낭 정리의 적용

테브낭 정리를 적용하여 그림 5-6에 주어진 선형 회로망에 대하여 부하 2$k\Omega$에 흐르는 전류를 구하여 보자.

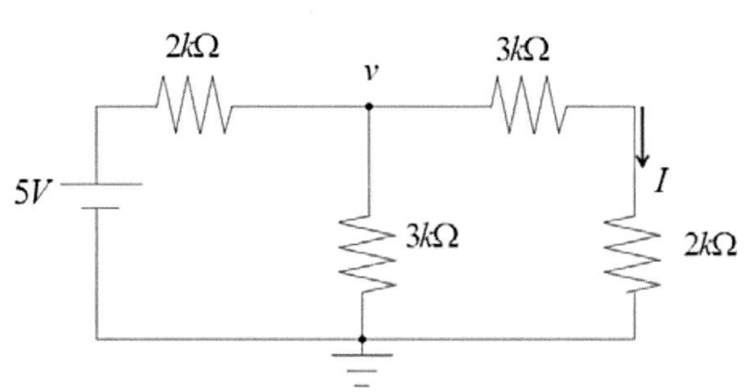

▌그림 5-6 선형 회로망

테브낭 정리에 의해 등가 회로를 구하기 위해 그림 5-7과 같이 절점 v에서 부하를 개방하고 테브낭 개방 전압(Thevenin's open voltage) v_{oc} 을 구하면 다음과 같다:

$$v_{oc} = 5 \times \frac{3}{2+3} = 3\ V$$

입력 전압을 단락시키고 테브낭 등가 저항(Thevenin's equvalent resistance) R_{th}를 구하면 다음과 같다 :

$$R_{th} = \frac{2 \times 3}{2+3} = \frac{6}{5}\ k\Omega$$

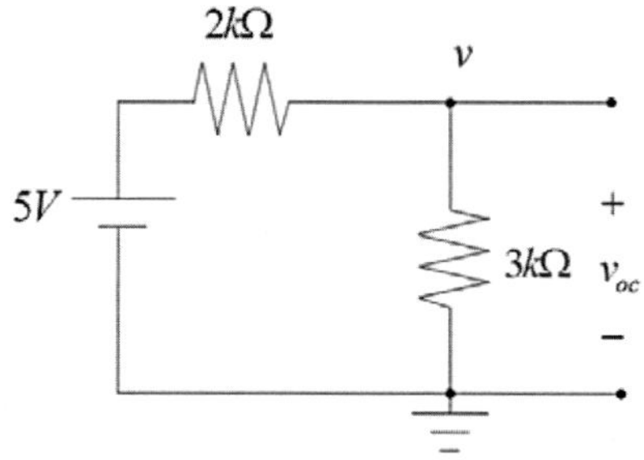

▌그림 5-7 테브낭 개방 전압

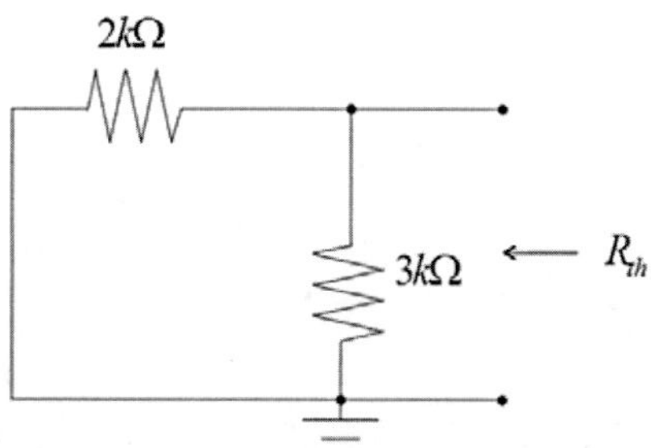

▌그림 5-8 테브낭 등가 저항(Thevenin's equvalent resistance) R_{th}

따라서 결과적으로 테브낭 등가회로는 그림 5-9와 같다. 그림 5-9로부터 출력 전압과 전류는 회로가 단일 루프 구조 이므로 쉽게 구할 수 있다. 전압 분배법칙에 의해

$$v_o = 3 \times \frac{2}{\frac{6}{5}+3+2} = 3 \times \frac{10}{6+15+10} = \frac{30}{31}\ V$$

가 되고 전류는 옴 법칙에 의해 v_o를 $2k\Omega$로 나눈 값이 된다.

$$I = \frac{\frac{30}{31}}{2k} = \frac{15}{31} \simeq 0.48\,mA$$

공학도를 위한 기초 회로 실험

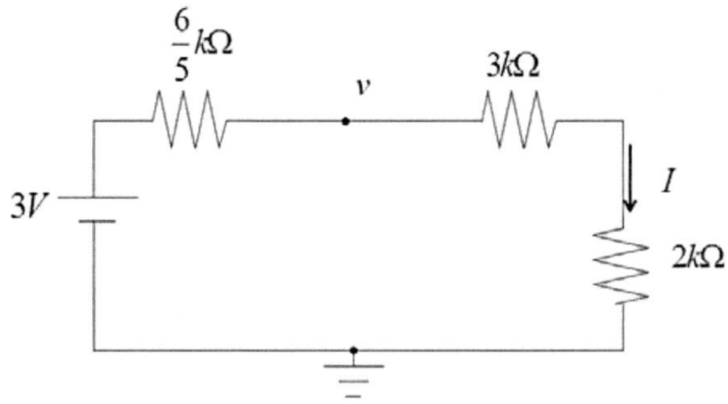

▌그림 5-9 테브낭 등가 회로

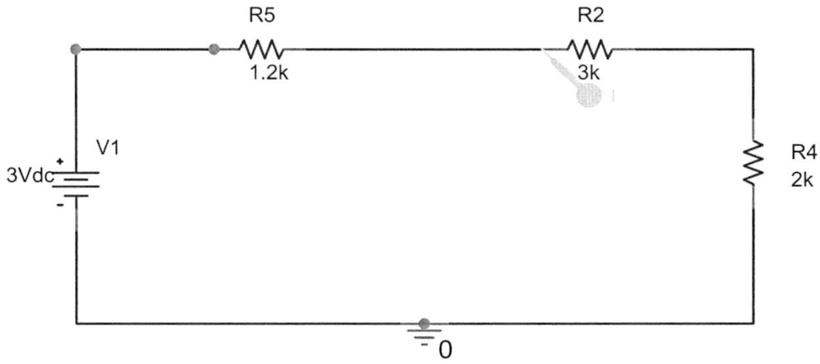

▌그림 5-10 그림 5-9에 대한 PSPICE 시뮬레이션 회로

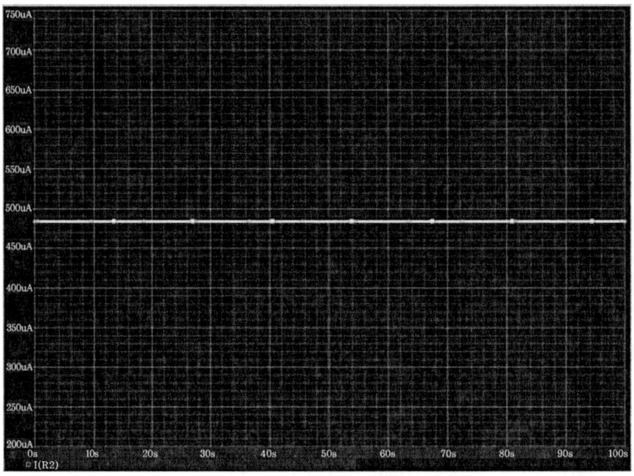

▌그림 5-11 시뮬레이션 결과

시뮬레이션 결과로부터 $I \simeq 0.48mA$과 거의 일치함을 확인할 수 있다.

예제 2

그림 5-12에 주어진 선형 회로망에 대하여 부하 $3k\Omega$에 걸리는 전압을 테브낭 정리와 절점 해석법으로 구하여 보자.

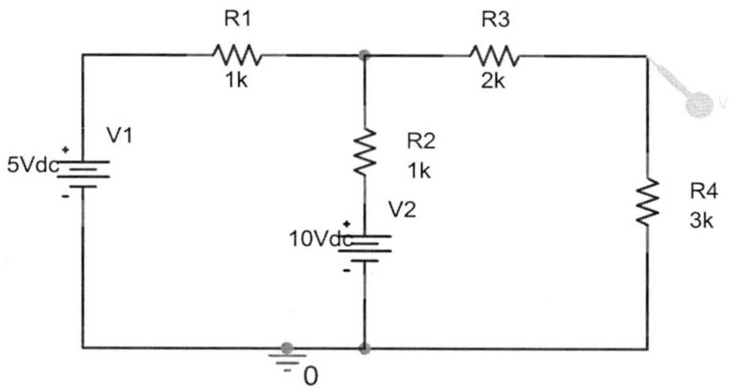

▌그림 5-12

먼저, 절점 해석법으로 해를 구하면, 다음과 같다:

$$\frac{5-v}{1k}=\frac{v-10}{1k}+\frac{v}{5k}$$

$$5(5-v)=5(v-10)+v$$

$$75=11v$$

$$v_0=\frac{75}{11}\times\frac{3k}{2k+3k}\simeq 4.09\ V$$

다음, 테브낭 정리에 의해 테브낭 등가 회로를 구하면 다음과 같다:

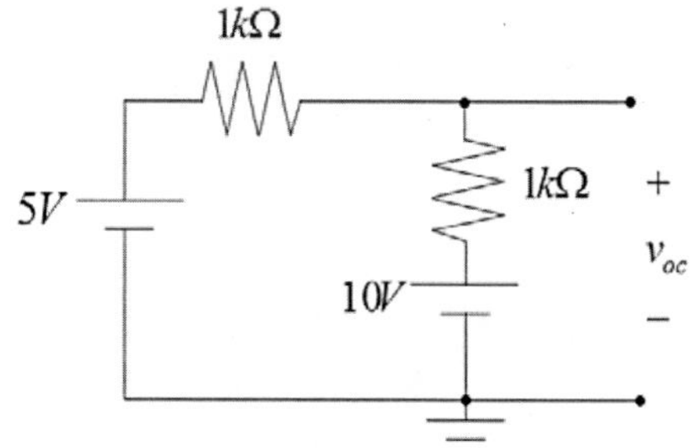

▌그림 5-13 테브낭 전압 v_{oc}

$$v_{oc}=10+1k\times\frac{5-10}{2k}=10-2.5=7.5\ V$$

$$R_{th}=\frac{1k\times 1k}{1k+1k}=0.5k\Omega$$

$$v_o=7.5\times\frac{3}{0.5+2+3}\simeq 4.09\ V$$

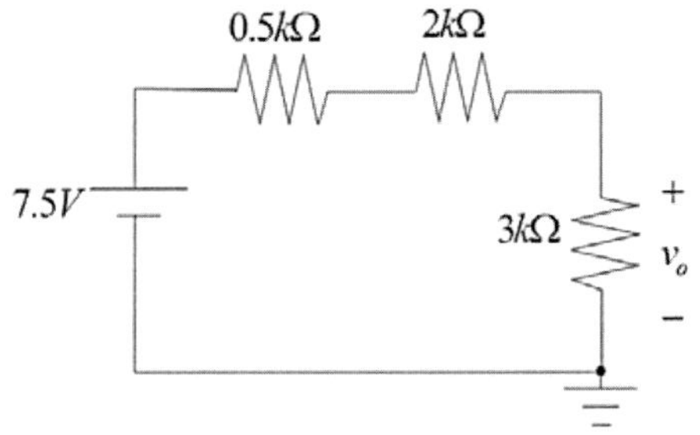

▌그림 5-14 테브낭 등가 회로

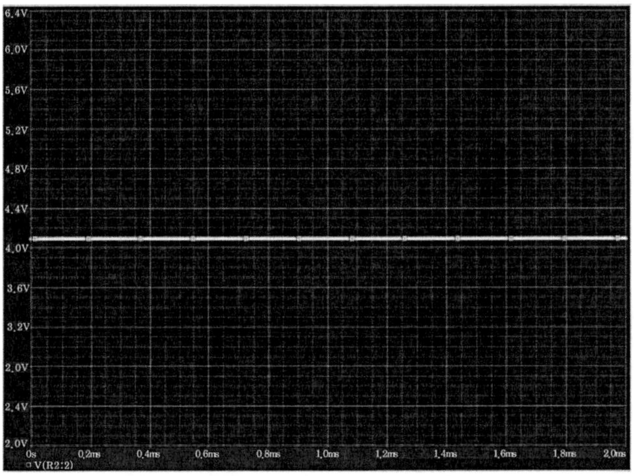

▌그림 5-15 시뮬레이션 결과

예제 3 노튼 정리의 적용

이번에는 노튼 정리를 적용하여 그림 5-6에 주어진 선형 회로망에 대하여 부하 $2k\Omega$에 흐르는 전류를 구하여 보자.

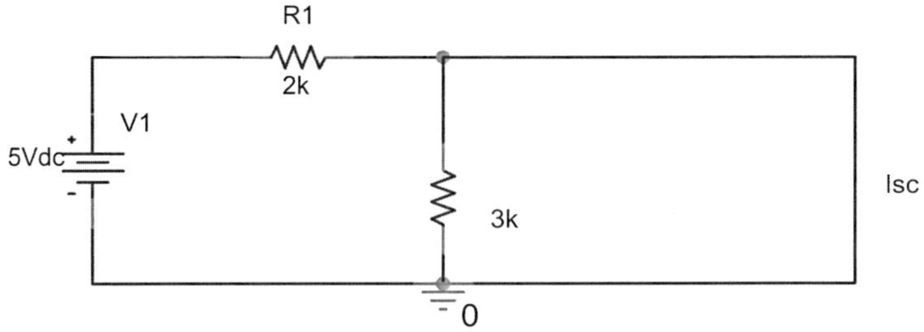

▌그림 5-16 등가 단락 전류(short-circuit current) I_{sc}

등가 단락 전류(short-circuit current) I_{sc} 의 정의에 의하여 I_{sc} 를 구하면,

$$I_{sc} = \frac{5}{2k} = 2.5mA$$

입력 전압을 단락시키고 노튼 등가 저항(Thevenin's equvalent resistance) R_{th}를 구하면 다음과 같다:

$$R_{th} = \frac{2\times 3}{2+3} = \frac{6}{5}\,k\Omega$$

한편,

$$I_{sc}R_{eq} = (2.5\,mA)\left(\frac{6}{5}k\Omega\right) = 3\,V$$

가 되므로 $V_{oc} = I_{sc}R_{eq}$ 관계식이 성립함을 확인 할 수 있다.

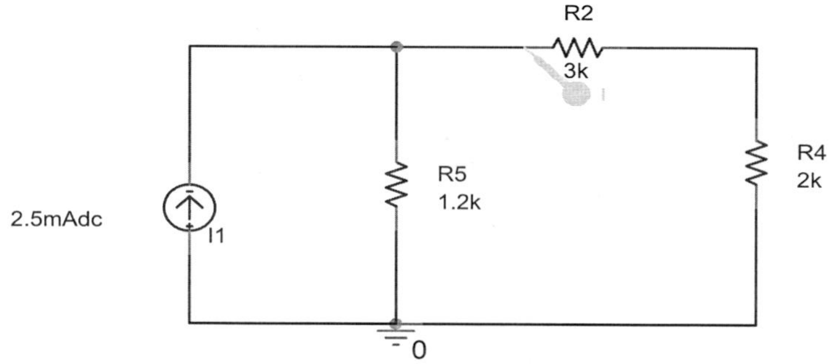

▌그림 5-17 노튼 등가 회로

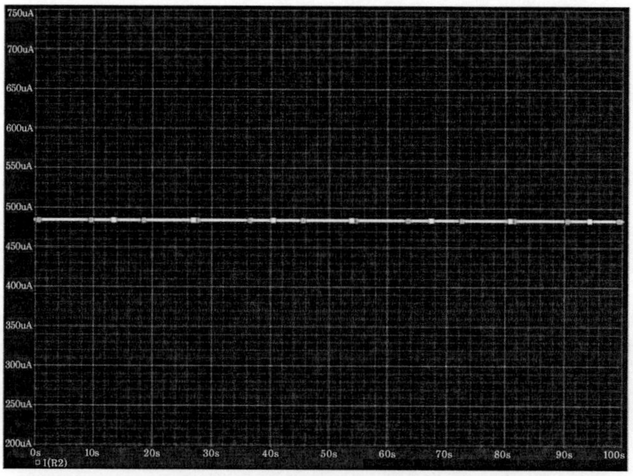

▌그림 5-18 시뮬레이션 결과

시뮬레이션 결과로부터 테브난 등가회로에 의해 구한 전류값 $I \simeq 0.48\,mA$과 동일함을 확인할 수 있다.

다음으로, KCL 기법에 의해 테브낭 정리 결과를 확인 하여 보자. 주어진 선형 회로망에 대하여 절점에서 KCK 방정식을 세우면

$$\frac{v-5}{2k} + \frac{v}{3k} + \frac{v}{3k+2k} = 015(v-5)+10v+6v = 0$$

가되고, 식을 단순화 하면

$$v = \frac{75}{31}[V]$$

따라서 전압 분배법칙에 의해 출력 전압은

$$v_0 = \frac{75}{31} \times \frac{2}{3+2} = \frac{30}{31} V$$

가 되고, 따라서 전류는

$$I = \frac{30}{31} \div 2k\Omega = \frac{15}{31} mA$$

가 되어 KCL 기법에 의한 풀이 결과와 테브낭 정리를 적용한 결과와 일치한다.

예제 4

다음 회로에서 테브난 등가 회로 및 노튼의 등가 회로를 구하고 출력값 v_0을 구하라.

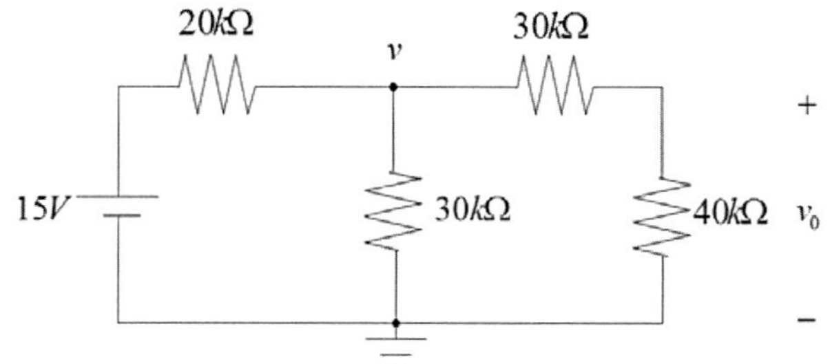

▌그림 5-19 예제2

풀 이

1) 테브낭 정리 이용(점점 전압 V 위치에서)

$$V_{th} = 15 \times \frac{30}{20+30} = 9V$$

$$R_{th} = \frac{20 \times 30}{20+30} = 12k\Omega$$

$$\therefore V_0 = 9 \times \frac{40}{12+30+40} = 4.39V$$

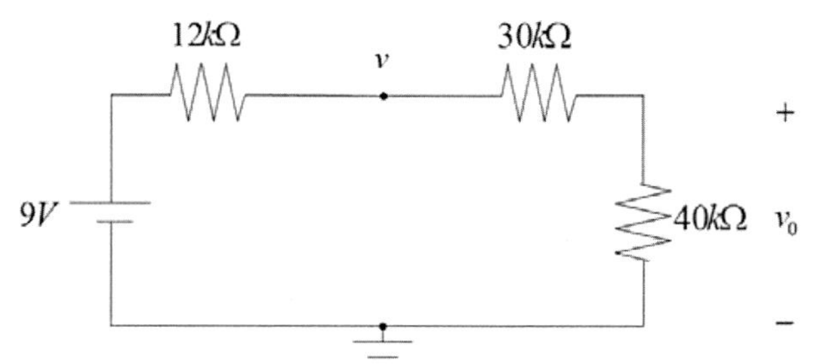

▌그림 5-20 테브낭 등가 회로

2) 노튼 정리 이용(점점 전압 V 위치에서)

$$I_{sc} = \frac{15}{20k} = 0.75mA,\ \ I_{sc} = \frac{V_{th}}{R_{th}} = \frac{9}{12k} = 0.75mA$$

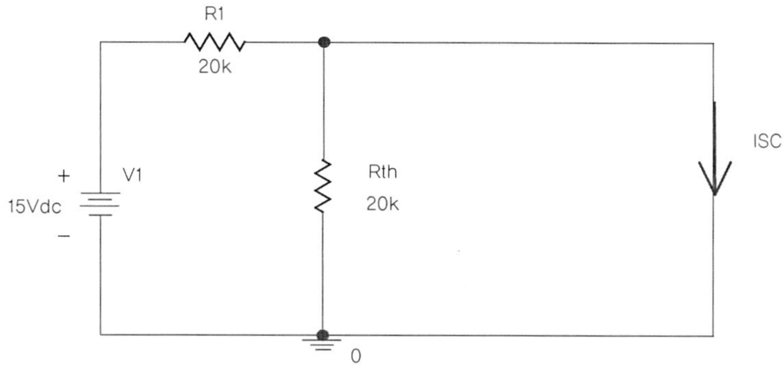

▌그림 5-21 I_{sc}

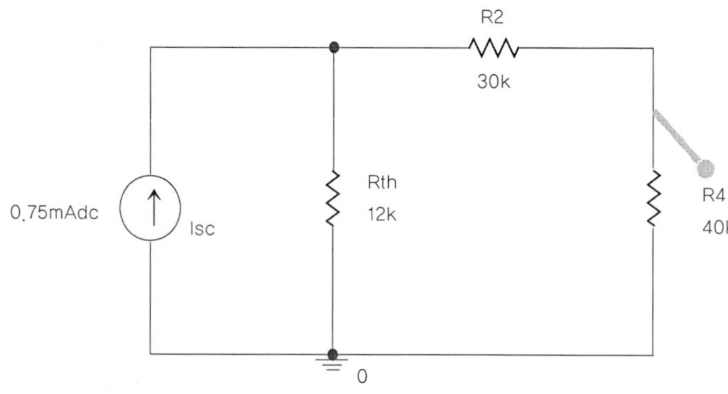

▌그림 5-22 노튼 등가 회로

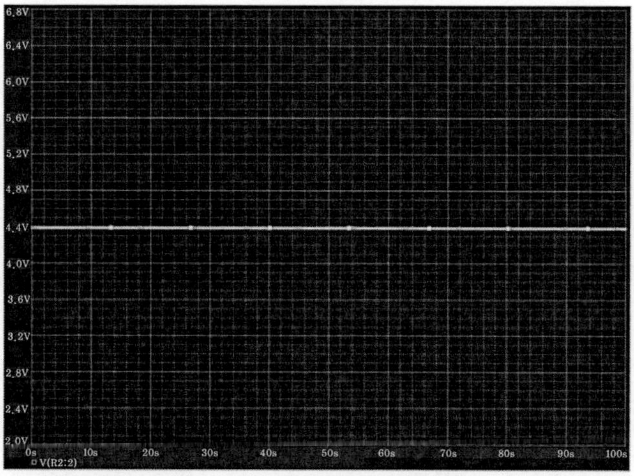

▌그림 5-23 그림 13과 15의 시뮬레이션 결과

예제 5

테브낭 정리 및 source 변환 기법을 이용하여 저항 $R_3 = 2k\Omega$에 걸리는 전압을 구하라.

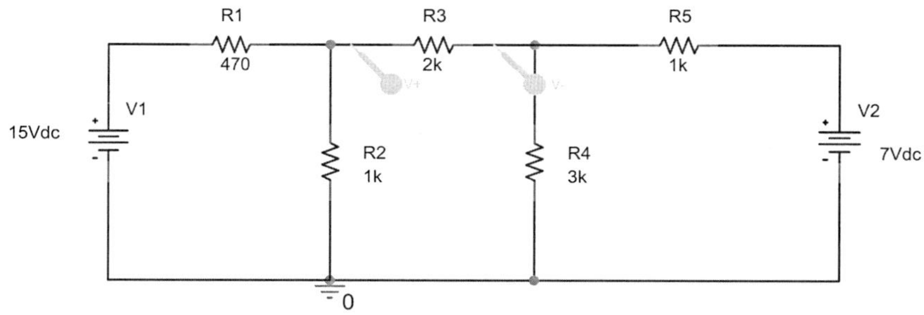

▍그림 5-24

테브낭 기법

$$v_{oc1} = 15 \times \frac{1k}{0.47k + 1k} \simeq 10.204\ V, \quad R_{th1} = \frac{0.47k \times 1k}{0.47k + 1k} \simeq 0.3197k\Omega$$

$$v_{oc2} = 7 \times \frac{3k}{1k + 3k} = 5.25\ V, \quad R_{th2} = \frac{3k \times 1k}{3k + 1k} = 0.75k\Omega$$

$$\therefore v_o = (10.204 - 5.25) \times \frac{2k}{0.3197k + 2k + 0.75k} \simeq 3.23\ V$$

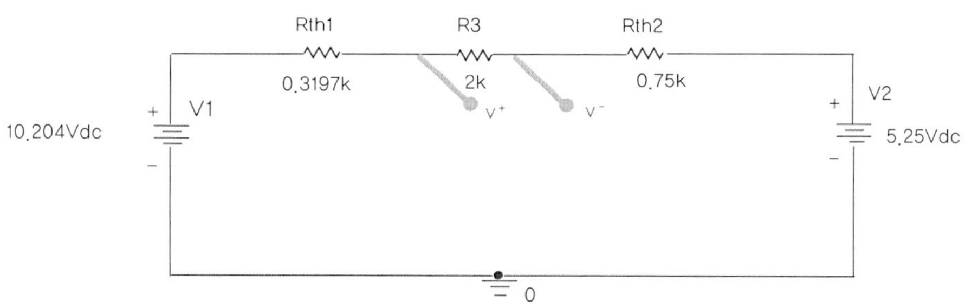

▍그림 5-25 테브낭 등가 회로

source 변환 기법을 이용하여 등가 회로를 구하면, 다음과 같다:

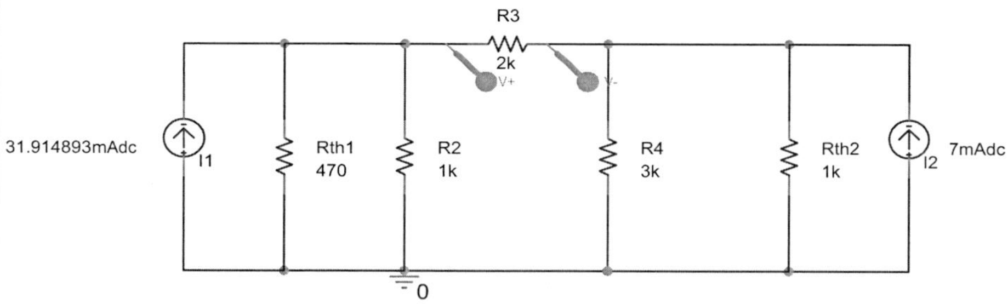

▍그림 5-26 source 변환 회로

source 변환 기법에 의해 테브낭 등가 회로와 동일한 회로임을 확인할 수 있다.

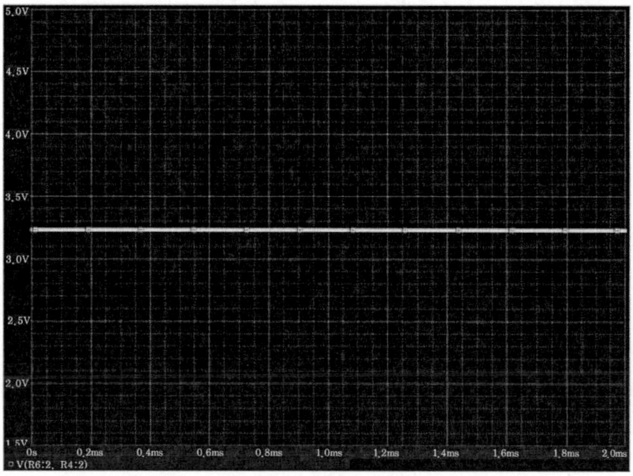

▌그림 5-27 시뮬레이션 결과

3 실험 기기 및 부품

(1) 저항 : 470, 1.2k 1개, 1k, 2k 각 2개, 3k 2개
(2) 디지털 멀티미터(DMM) 1대
(3) 직류 전원 공급기 1대

4 실험절차

(1) 그림 5-28의 회로를 구성하라. 부하 $2k\Omega$에 흐르는 전류를 측정하고 계산값과 비교하라.

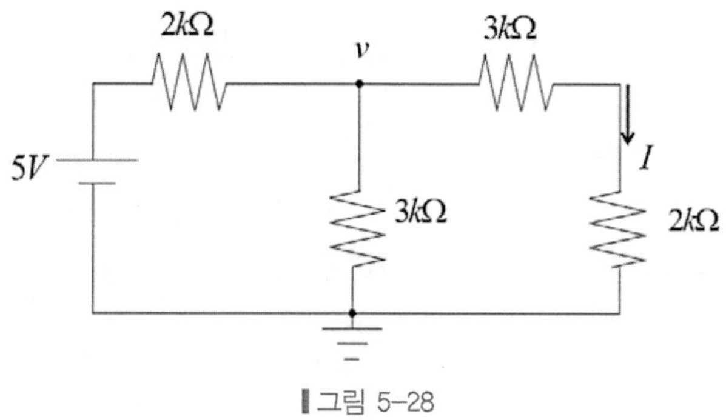

▌그림 5-28

(2) 그림 5-29에서 부하를 개방한 테브낭 개방 전압(Thevenin's open voitage) v_{oc}를 측정하고 계산값과 비교하라.

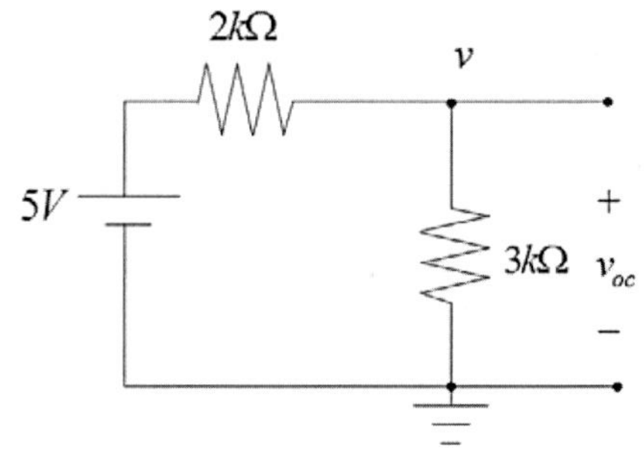

▌그림 5-29

(3) 그림 5-30에서 테브낭 등가 저항(Thevenin's equvalent resistance) R_{th}를 측정하고 계산값과 비교하라.

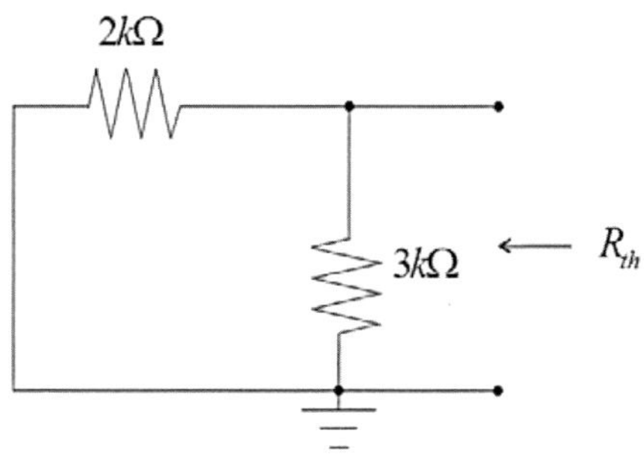

▌그림 5-30

(4) 그림 5-31에서 부하 $2k\Omega$에 흐르는 전류를 측정하고 계산값과 비교 하라. (1)의 측정 결과와 일치하는지 확인하라.

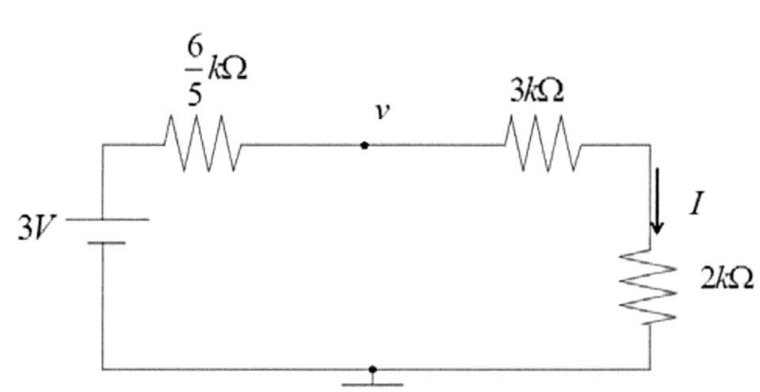

▌그림 5-31

(5) 그림 5-32에 주어진 선형 회로망에 대하여 부하 $3k\Omega$에 흐르는 전류를 측정하라.

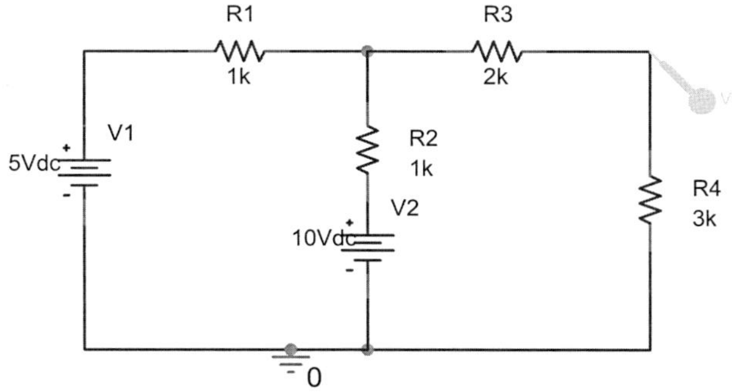

▌그림 5-32

(6) 그림 5-33의 테브낭 등가 회로에 대하여 부하 $3k\Omega$에 흐르는 전류를 측정하라. (5)의 측정 결과와 일치하는지 확인하라.

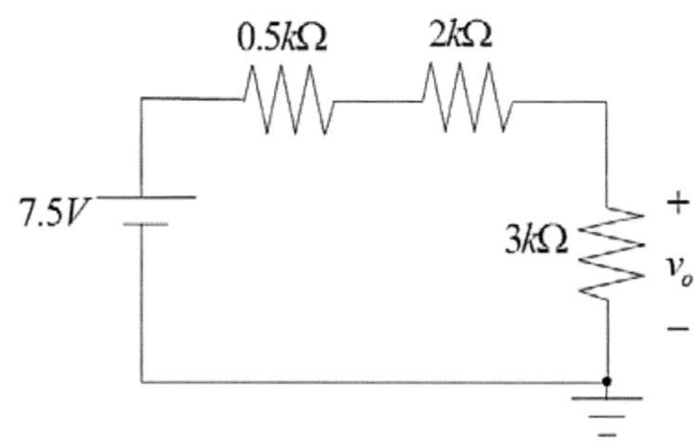

▌그림 5-33

(7) 그림 5-34에서 노튼 단락 전류(Norton's short-circuit current) I_{sc}를 하고 계산값과 비교하라.

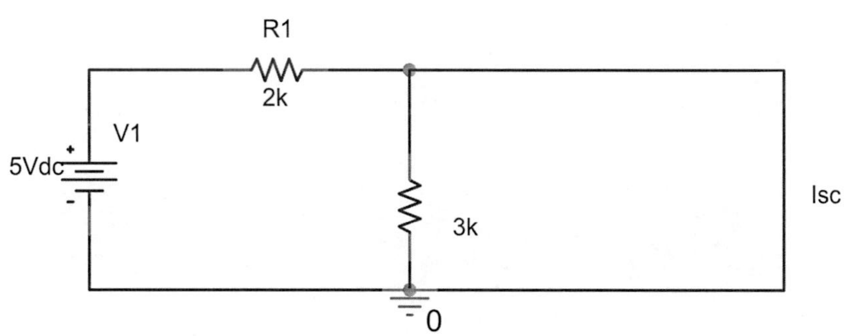

▌그림 5-34 등가 단락 전류(short-circuit current)I_{sc}

(8) 그림 5-35 노튼 등가 회로에서 부하 $2k\Omega$에 흐르는 전류를 측정하고 계산값과 비교하라. (1)의 측정 결과와 일치하는지 확인하라.

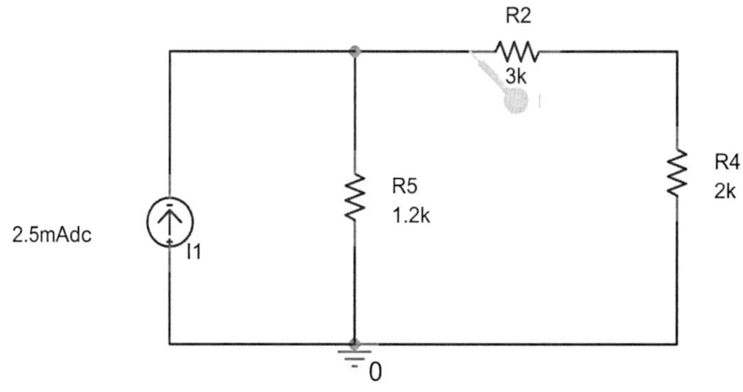

▎그림 5-35

(9) 그림 5-36에서 저항$R_3 = 2k\Omega$에 걸리는 전압을 측정하라.

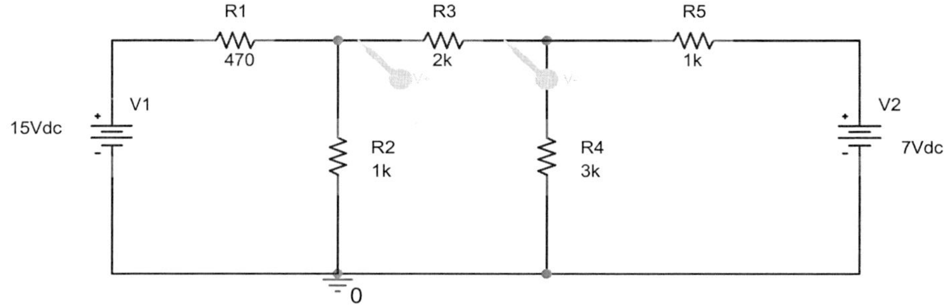

▎그림 5-36

(10) 그림 5-37에서 저항$R_3 = 2k\Omega$에 걸리는 전압을 측정하라. (9)의 측정 결과와 일치하는지 확인하라.

$$R_{th1} = 0.47k \parallel 1k = \frac{0.47k \times 1k}{0.47k + 1k} \simeq 0.3197k\Omega$$

$$R_{th2} = 3k \parallel 1k = \frac{3k \times 1k}{3k + 1k} = 0.75k\Omega$$

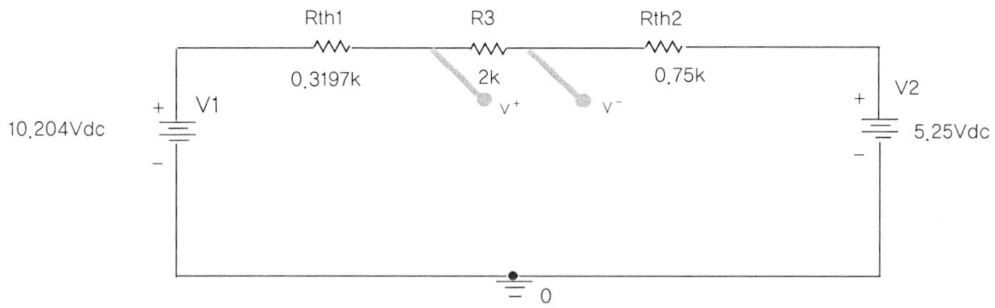

▎그림 5-37

실험 6 브릿지 회로

1 실험 목적

(1) 브릿지 회로를 실험을 통해 이해한다.

(2) 테브낭 등가 회로에 의한 해법을 이해한다.

(3) $\triangle - Y$ 변환을 이용한 해법을 이해한다.

(4) 브릿지 평형상태를 이해한다.

2 기본 이론

(1) 브릿지 회로

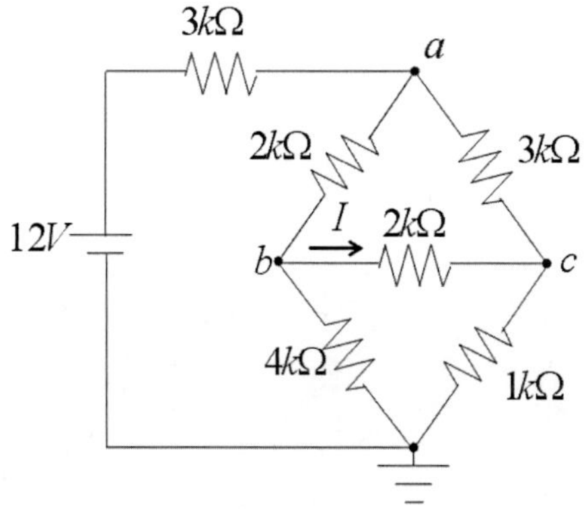

▌그림 6-1 브릿지 회로

$b-c$ 단자사이의 $2k\Omega$에 흐르는 전류를 구하기 위하여 테브낭 정리를 적용하도록 하자. 먼저 $b-c$ 단자 $2k\Omega$를 개방시키고 $b-c$ 단자에서 테브낭 등가 개방 전압 V_{oc}을 구하면,

$$R_a = \frac{24}{6+4} = \frac{12}{5} k\Omega$$

$$V_a = 12 \times \frac{\frac{12}{5}}{3 + \frac{12}{5}} = \frac{16}{3}$$

$$V_{oc} = V_b - V_c = \frac{16}{3}\left(\frac{4}{6} - \frac{1}{4}\right) = \frac{20}{9}\, V$$

입력전압을 단락시키고 $b-c$ 단자에서 테브낭 등가 저항 R_{th}을 구하면, 그림 6-2와 같은 형태가 된다.

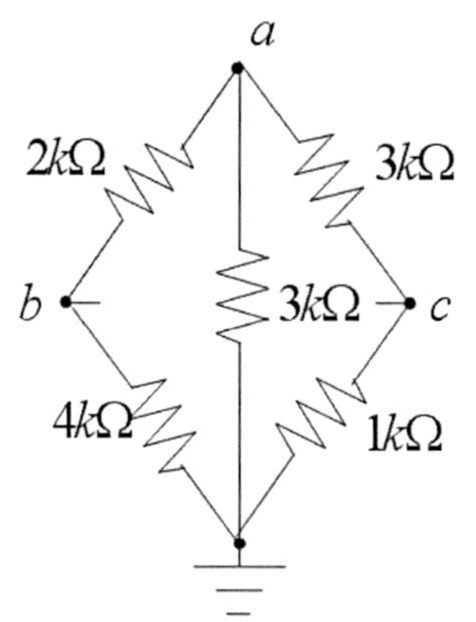

▌그림 6-2 테브낭 등가 저항 R_{th}

그림 6-2를 $\Delta - Y$ 변환을 이용하면 그림 6-3과 같이 변형된다.

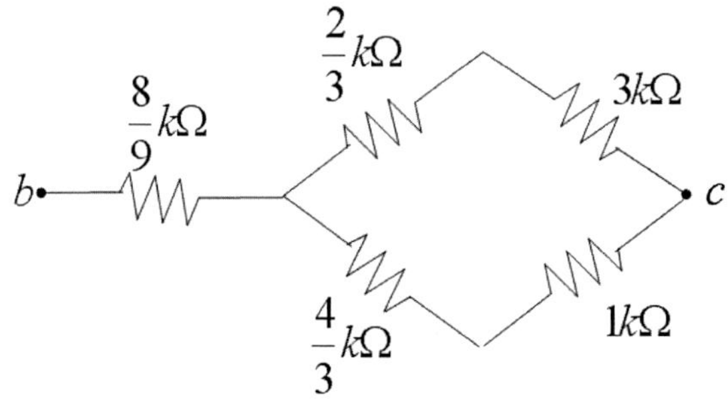

▌그림 6-3

그림 6-3으로부터 테브낭 등가 저항은

$$R_{th} = R_{bc} = \frac{8}{9} + \left(\frac{2}{3} + 3\right) \parallel \left(\frac{4}{3} + 1\right) = \frac{8}{9} + \frac{77}{54} = \frac{125}{54}\,\Omega$$

가 된다. 따라서 Thevenin 등가 회로는 다음과 같다 :

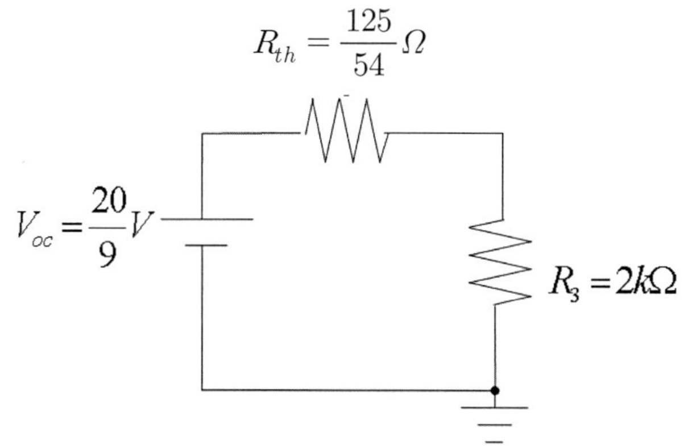

▌그림 6-4 Thevenin 등가 회로

등가 회로로부터 $R_3 = 2k\Omega$에 흐르는 전류값은

$$I = \frac{V_{0c}}{R_{th}+2} = \frac{\frac{20}{9}}{\frac{125}{54}+2} = \frac{120}{125+108} = \frac{120}{233}A \simeq 0.515A$$

(2) $\triangle - Y$ 변환

그림 6-5와 같은 브리지 형태의 회로의 경우 절점 해석법이나 루프 해석법등으로 풀 수 도 있으나, $\triangle - Y$ 변환을 이용하면 좀 더 간편하게 해를 구할 수 있다. 먼저, $\triangle - Y$ 변환을 이해하기 위하여 그림 6-5를 참조한다.

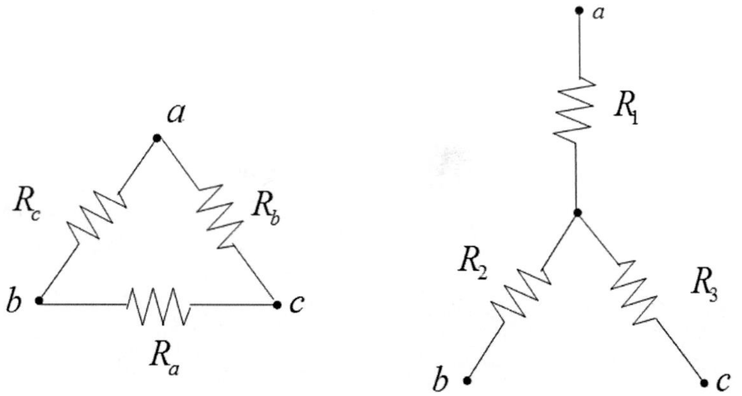

(a) $\triangle$ 회로 (b) Y 회로

▌그림 6-5 $\triangle - Y$변환

기본적으로 $\triangle$ 회로와 Y 회로는 등가 회로라고 가정하면, $a-b$ 단자 간 저항 R_{ab}는 $\triangle$ 회로와 Y 회로가 등가 이므로, 각각 서로 같아야 한다. 마찬가지로 $b-c$ 단자 간

저항 R_{bc} 및 $c-a$ 단자 간 저항 R_{ca} 도 서로 같아야 하므로, 식 (6-1)-(6-3)이 성립한다.

$$R_{ab} = R_1 + R_2 = R_c \parallel (R_a + R_b) = \frac{R_c(R_a + R_b)}{R_a + R_b + R_c} \tag{6-1}$$

$$R_{bc} = R_2 + R_3 = R_a \parallel (R_b + R_c) = \frac{R_a(R_b + R_c)}{R_a + R_b + R_c} \tag{6-2}$$

$$R_{ca} = R_1 + R_3 = R_b \parallel (R_a + R_c) = \frac{R_b(R_a + R_c)}{R_a + R_b + R_c} \tag{6-3}$$

식 (6-1), (6-2), (6-3)을 모두 더하면, 식 (6-4)를 얻게 된다.

$$2(R_1 + R_2 + R_3) = \frac{2(R_aR_b + R_bR_c + R_cR_a)}{R_a + R_b + R_c} \tag{6-4}$$

식 (6-4)에서 식(6-2)를 빼면

$$R_1 = \frac{R_bR_c}{R_a + R_b + R_c} \tag{6-5}$$

식 (6-4)에서 식 (6-3)을 빼면,

$$R_2 = \frac{R_cR_a}{R_a + R_b + R_c} \tag{6-6}$$

식 (6-4)에서 식 (6-1)을 빼면,

$$R_3 = \frac{R_aR_b}{R_a + R_b + R_c} \tag{6-7}$$

식 (6-5)-(6-7)은 Δ 회로로 부터 Y 회로의 각 소자 값을 구할 때 유용한 식이다. 식(6-5)와 식(6-6)을 서로 곱하면,

$$R_1R_2 = \frac{R_aR_b(R_c)^2}{(R_a + R_b + R_c)^2} \tag{6-8}$$

식 (6-5)와 식 (6-7)을 서로 곱하면,

$$R_1R_3 = \frac{R_a(R_b)^2R_c}{(R_a + R_b + R_c)^2} \tag{6-9}$$

식 (6-6)과 식 (6-7)을 서로 곱하면,

$$R_2R_3 = \frac{(R_a)^2R_bR_c}{(R_a + R_b + R_c)^2} \tag{6-10}$$

다음, 식 (6−8),(6−9),(6−10)을 각각 더하면,

$$R_1R_2 + R_2R_3 + R_1R_3 = \frac{R_aR_bR_c(R_a + R_b + R_c)^2}{(R_a + R_b + R_c)^2} = \frac{R_aR_bR_c}{R_a + R_b + R_c} \qquad (6-11)$$

식 (6−11)에 식 (6−5)를 적용하면,

$$R_a = \frac{R_1R_2 + R_2R_3 + R_1R_3}{R_1} \qquad (6-12)$$

식 (6−11)에 식 (6−6)을 적용하면,

$$R_b = \frac{R_1R_2 + R_2R_3 + R_1R_3}{R_2} \qquad (6-13)$$

식 (6−11)에 식 (6−7)을 적용하면,

$$R_c = \frac{R_1R_2 + R_2R_3 + R_1R_3}{R_3} \qquad (6-14)$$

식 (6−12)−(6−14)는 Y 회로로 부터 △ 회로의 각 소자 값을 구할 때 유용한식이다. $\Delta - Y$ 변환을 이용하여 $4k\Omega$에 흐르는 전류를 구하여 보자.

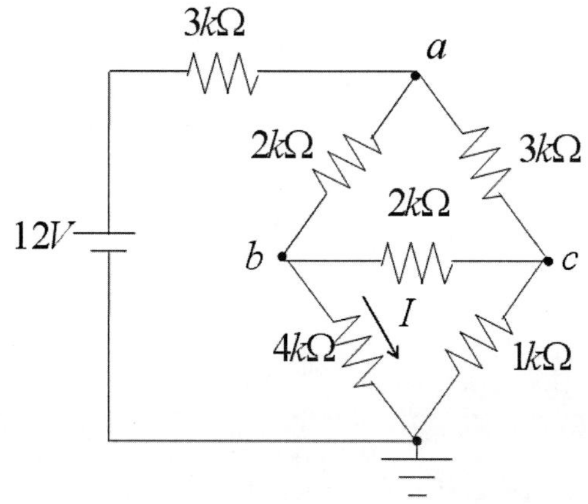

▍그림 6-6

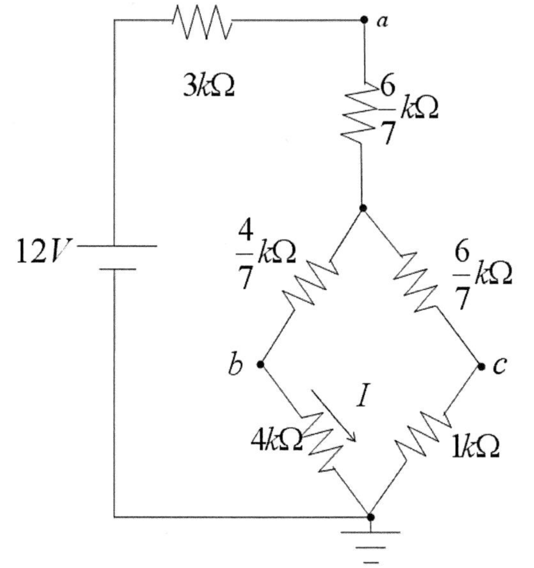

▌그림 6-7 Δ − Y 변환

$4k\Omega$에 흐르는 전류값은

$$
\begin{aligned}
I &= \frac{12}{3+\frac{6}{7}+\left(\frac{4}{7}+4\right) \parallel \left(\frac{6}{7}+1\right)} \times \frac{\frac{6}{7}+1}{\left(\frac{4}{7}+4\right)+\left(\frac{6}{7}+1\right)} \\
&= \frac{12}{3+\frac{6}{7}+\left(\frac{32}{7}\right) \parallel \left(\frac{13}{7}\right)} \times \frac{13}{45} \\
&= \frac{84}{21+6+\left(\frac{32\times 13}{45}\right)} \times \frac{13}{45} \\
&= \frac{84\times 13}{1215+416} \\
&\simeq 0.67
\end{aligned}
$$

시뮬레이션 결과는 전압을 측정하였다. 따라서 각각의 저항으로 나누면 각 가지에 흐르는 전류가 되므로

$$I_{2k\Omega} = \frac{2.68-1.65}{2k} = 0.515$$

$$I_{4k\Omega} = \frac{2.68}{4k} = 0.67\,A$$

따라서 브릿지 회로에 대한 테브낭 정리 및 $\Delta - Y$ 변환을 이용하여 위에서 구한 이론적인 계산값과 일치한다.

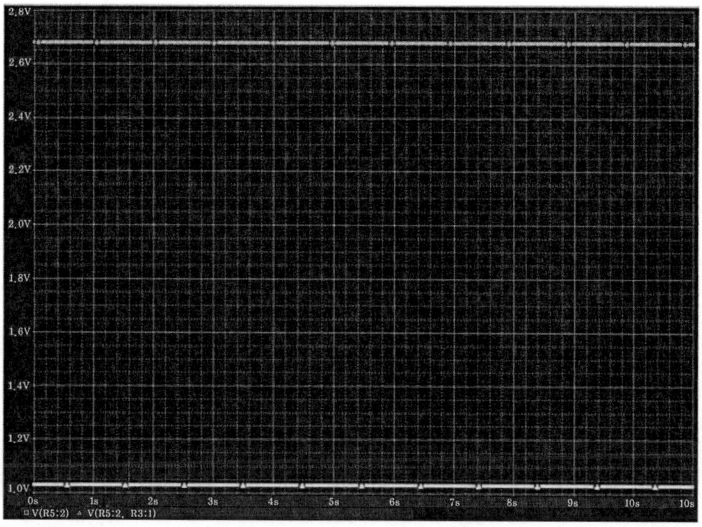

▌그림 6-8 시뮬레이션 결과

(3) 브릿지의 평형과 미지의 저항값 측정

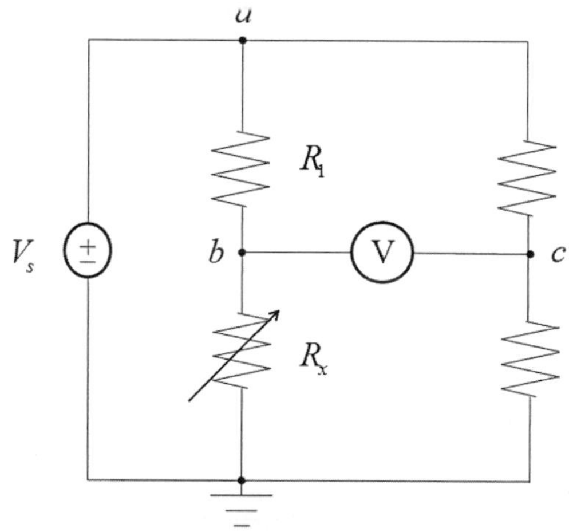

▌그림 6-9

브릿지의 평형을 이루기 위해서는 $b-c$ 단자간 전압 $V_{bc}=0$과 $b-c$ 단자간 전류 $I_{bc}=0$ 가 되도록 하여야 한다. 평형 상태가 되면,

$$V_{ab} = V_{ac} \ , V_b = V_c$$

조건이 성립한다. 따라서 다음 전압 관계식이 성립한다.

$$\frac{V_{ab}}{V_b} = \frac{V_{ac}}{V_c}$$

옴의 법칙에 의해

$$\frac{I_1 R_{ab}}{I_1 R_b} = \frac{I_2 R_{ac}}{I_2 R_c}$$

가 된다. 즉, 저항간의 관계식을 얻게 된다.

$$\frac{R_{ab}}{R_b} = \frac{R_{ac}}{R_c}$$

위 공식은 미지의 저항(unknown resistor) 값 $R_{ab} = R_x \frac{R_{ac}}{R_c}$ 을 계산하는데 사용되어진다.

❶ $b-c$ 단자간에 검류계(galvanometer)를 부착하고 가변 저항R_x을 조정하여 $b-c$ 단자간 전압 $V_{bc}=0$과 $b-c$ 단자간 전류 $I_{bc}=0$가 되도록 한다.

❷ R_x 값을 멀티미터로 측정한다.

❸ ❷에서 구한 R_x값을 이용하여 다음 식으로 부터 미지의 저항값R_{ab}을 구한다.

$$R_{ab} = R_x \frac{R_{ac}}{R_c}$$

3 실험 기기 및 부품

(1) 저항: 1k 1개, 2k 2개, 3k 2개, 4k 1개

(2) 디지털 멀티미터(DMM) 1대

(3) 직류 전원 공급기 1대

4 실험 절차

(1) 그림6-10 브릿지 회로를 구성하라. $b-c$ 단자간 부하저항 $2k\Omega$에 흐르는 전류 I_{bc}와 저항 $4k\Omega$에 흐르는 전류 및 전압V_{bc}를 측정하라. 계산 값과 비교하라.

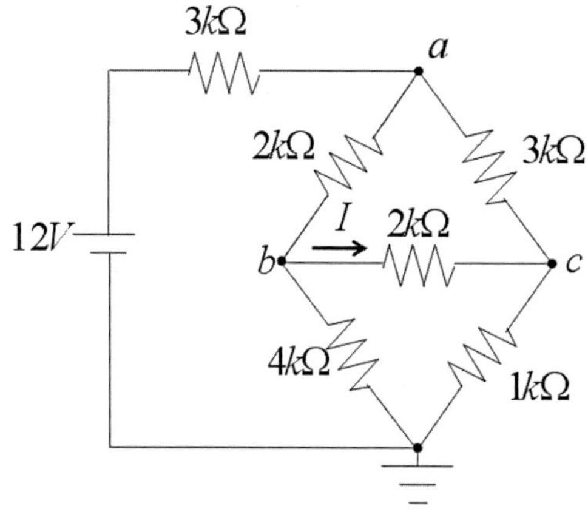

▌그림 6-10

▌표 6-1▐

	계산값	측정값
V_{bc}		
I_{bc}		
I_{bc}		
I_b		

(2) **브릿지 평형 실험**

❶ $b-c$ 단자 간에 검류계(galvanometer)를 부착하고 가변 저항R_x을 조정하여 $b-c$ 단자 간 전압 $V_{bc}=0$과 $b-c$ 단자 간 전류 $I_{bc}=0$가 되도록 한다.

❷ R_x값을 멀티미터로 측정한다.

❸ ❷에서 구한 R_x값을 이용하여 다음 식으로 부터 미지저항 값$R_{ab}=R_1$을 구한다.

$$R_{ab}=R_x\frac{R_{ac}}{R_c}$$

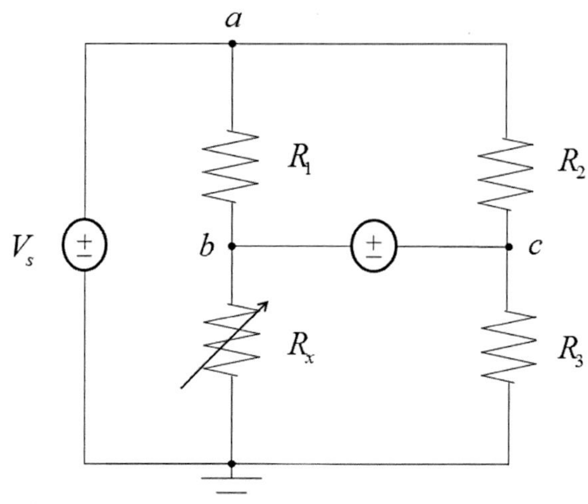

▌그림 6-11

실험 7 R-C 회로의 직류 특성

1 개요

(1) R-C 회로에서 직류 전압 인가시 충전 및 방전 특성을 이해한다.

(2) 시정수 $\tau = RC$를 이해한다.

2 기본 이론

(1) 직류 충전 특성

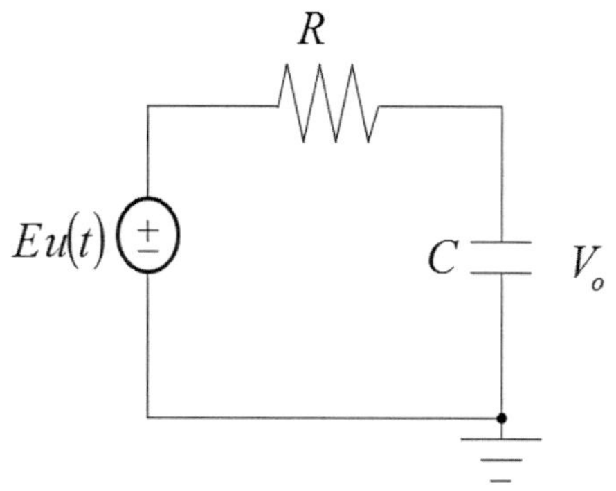

▌그림 7-1 RC 충방전 스위칭 회로

콘덴서에 흐르는 전류와 충전 전압의 관계식은 다음과 같다 :

$$i_C = C\frac{dv_c}{dt}$$

콘덴서의 전압이 직류 전압, 즉 $v_c(t)= V_c$ 일 때, 전류 $i_c(t)$는 0 이고, 교류 전압, 즉 $v_c(t)= V_c \sin\omega t$ 일 때, 전류는 $i_c(t)= CV_c\omega \cos\omega t i_c(t)$가 되어 교류 전류가 흐르게 된다. 이를 변위 전류(displacement current)라고 부른다.

만약, 콘덴서에 충전되는 전압이 시간적으로 순간적으로 변한다면, 콘덴서에 흐르는 전류와 충전 전압의 관계식으로부터 무한대의 임펄스 전류가 발생되는데, 이는

무한대의 전력이 발생하는 의미로 물리적으로 존재하지 않는다. 따라서 콘덴서의 충전 전압은 시간에 대하여 연속(continuous)이라고 가정한다. 즉, 수식으로 나타내면, 다음과 같은 조건이 성립한다 :

$$v_c(t_-) = v_c(t_+)$$

그림 7-1에 대한 KCL 방정식을 세우면,

$$C\frac{dv_c}{dt} + \frac{v_c - E}{R} = 0$$

가 된다. 따라서 강제 응답은

$$\frac{dv_{cp}}{dt} + \frac{v_{cp}}{RC} = \frac{E}{RC}$$

의 해를 구하면 되고, 자연 응답은

$$\frac{dv_{ch}}{dt} + \frac{v_{ch}}{RC} = 0$$

의 해를 각각 구하면 된다. 일반해는

$$v_c = v_{ch} + v_{cp}$$

이며

$$v_c = Ae^{-\frac{t}{RC}}, \ v_{cp} = E$$

를 얻는다. 그러므로 v_c는

$$v_c = Ae^{-\frac{t}{RC}} + E$$

이며, $v_c(0) = 0$을 가정하면, $A = -CE$이다.

$$\therefore \ v_c = E(1 - e^{-\frac{t}{RC}})$$

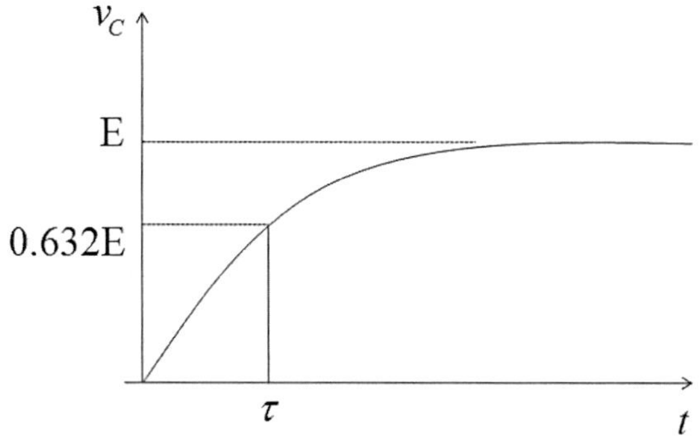

▌그림 7–2 콘덴서 전압

$$i_C = C\frac{dv_c}{dt} = CE(\frac{1}{RC}e^{-\frac{1}{RC}t}) = \frac{E}{R}e^{-\frac{1}{RC}t}$$

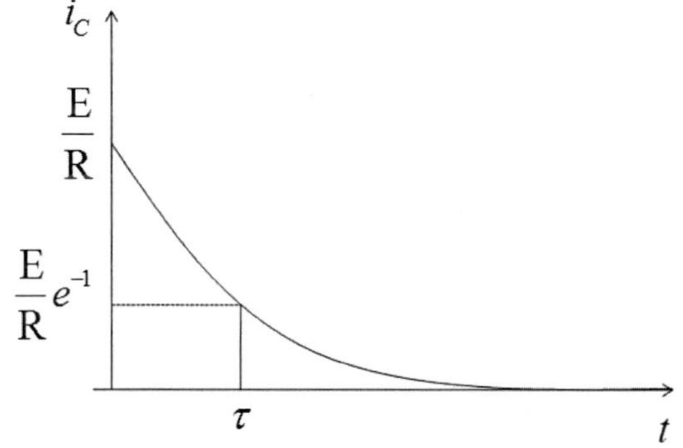

▌그림 7–3 콘덴서 전류

콘덴서 전압응답 곡선으로부터 $\tau = RC$를 시정수(time constant)라고 부른다. $\tau = RC$ 값이 클수록 정상상태 값(steady state value)에 도달하는 시간이 느려지고 $\tau = RC$ 값이 짧을수록 정상상태 값에 도달하는 시간이 빨라진다. 따라서 $\tau = RC$ 값은 콘덴서의 충전과 방전속도를 결정하는 파라미터라고 볼 수가 있다. 콘덴서에 충전되는 전압 방정식

$$v_c = E(1 - e^{-\frac{t}{RC}})$$

로 부터 $t = \tau$ 일 때 $v_c(\tau) = E(1 - e^{-1}) \simeq 0.632E$ 가 되어 최종치 $v_c(\infty) = E$의 63.2%에 도달하게 된다. $t = 2\tau$ 일 때는 $v_c(2\tau) = E(1 - e^{-2}) \simeq 0.86.5E$가 되어 최종치의 86.52%에 도달하게 된다. $t - 5\tau$ 일 때는 $v_c(5\tau) = E(1 \quad e^{-5}) \simeq 0.993E$가 되어 최종치의 99.3%에 도달하게 된다.

(2) 직류 방전 특성

스위치를 차단하면, 충전 전압은 저항을 통하여 시상수 $\tau = RC$로 방전 한다.

$$v_c = Ee^{-\frac{t}{RC}}$$

예제 1 콘덴서 직류 충전 실험

다음 회로에서 $R = 10k\Omega$ 및 $C = 470\mu F$ 이며 입력 전압은 $10V$ 이다. $\tau = RC$를 구하고, 응답 곡선을 그려라. 초기 충전 전압은 0[V]로 가정하라.

풀이

시정수는 $\tau = RC = 10^4 \times 470 \times 10^{-6} = 4.7[s]$ 이다.

$t = \tau$ 일 때 $v_c(\tau) = E(1-e^{-1}) \simeq 0.632E$가 되어 최종치 $v_c(\infty) = E$의 63.2%에 도달하게 된다. $t = 2\tau$ 일 때는 $v_c(2\tau) = E(1-e^{-2}) \simeq 0.86.5E$가 되어 최종치의 86.52%에 도달하게 된다. $t = 5\tau$ 일 때는 $v_c(5\tau) = E(1-e^{-5}) \simeq 0.993E$가 되어 최종치의 99.3%에 도달하게 된다.

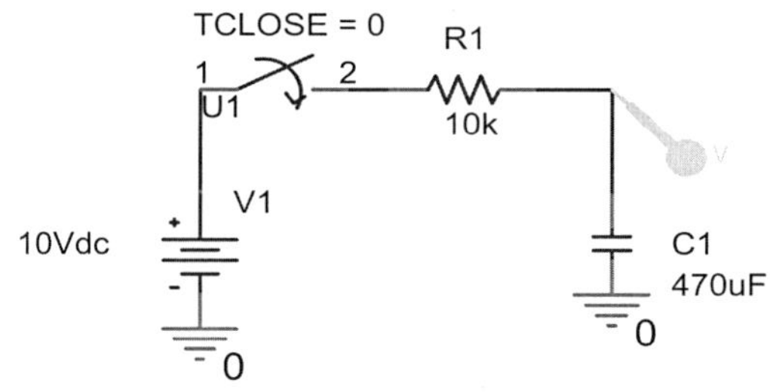

▌그림 7-4 충전 실험 예제

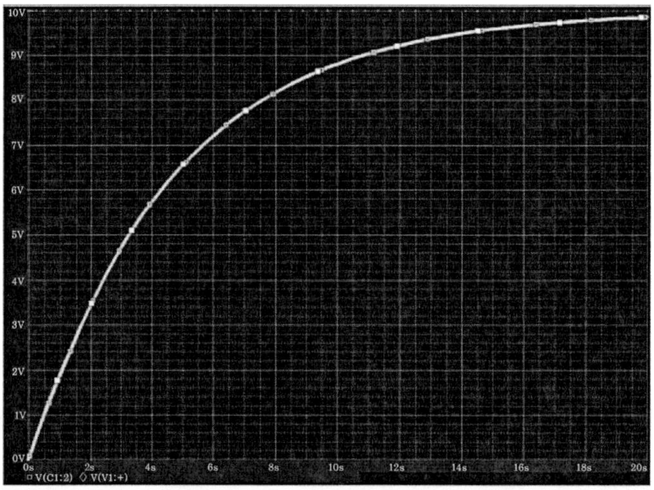

▌그림 7-5 충전 시뮬레이션 결과

예제 2 콘덴서 직류 방전 실험

다음 회로에서 $R=10k\Omega$ 및 $C=470\mu F$ 이며 초기 충전 전압은 $10V$ 이다. $\tau=RC$를 구하고, 응답 곡선을 그려라.

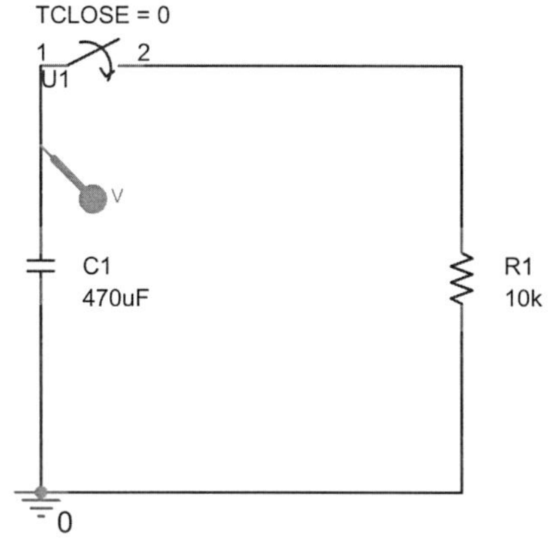

그림 7-6 방전 실험

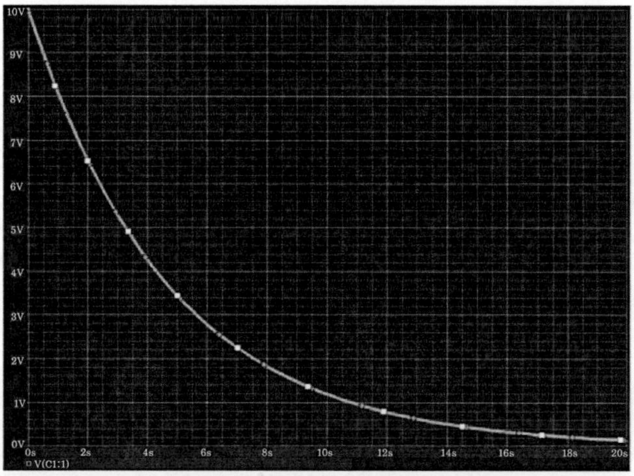

그림 7-7 방전 시뮬레이션 결과

(3) 콘덴서 정전용량값 판별

콘덴서 정전용량의 기본 단위는 $[pF]$ 단위이다. 따라서 예를 들면

$$101 = 10 \times 10^1\ [pF] = 100\ [pF]$$

$$102 = 10 \times 10^2\ [pF] = 0.001\ [\mu F]$$

$$103 = 10 \times 10^3\ [pF] = 0.01\ [\mu F]$$

공학도를 위한 기초 회로 실험

로 읽게 된다. 콘덴서의 종류는 적용되는 주파수등에 의하여 매우 세분화되어 있고, 필터링, 바이패스, 전원 장치등에 사용되고 있는 알루미늄 전해(aluminum electrolytic) 콘덴서, 보다 낮은 손실 및 임피던스 그리고 온도 및 주파수측면에서 안정적인 고주파용 탄탈(tantalum) 콘덴서, 작은 사이즈의 장점으로 데이터 처리, 통신 및 산업 제어등에 사용되는 세라믹(ceramic) 커패시터,CATV 및 RF 고주파용 마이카(mica) 커패시터, 필터링, 바이패싱 및 고속 디지털 회로의 고주파 커플링 및 디커플링등을 위한 금속 폴리에스터 필름(metalized polyester film) 콘덴서 등 정전용량 및 사용목적에 따라 여러 종류가 있다. 정격 전압과 허용오차에 관한 상세한 내용은 해당 콘덴서의 데이터 시트를 참조하기 바란다.

3 실험 기기 및 부품

(1) **저항 :** $R=10k\Omega$ 1개

(2) **콘덴서 :** $C=470\mu F$ 1개

(2) **디지털 멀티미터(DMM) 1대**

(3) **직류 전원 공급기 1대**

4 실험절차

(1) 충전 특성 실험

그림 7-8을 구성하라. $\tau=RC=4.7[s]$, 2τ, 3τ,4τ, 5τ에서 콘덴서에 충전되는 전압을 측정하여 표 7-1에 기록하고 그림 7-9 충전 그래프로 나타내라.

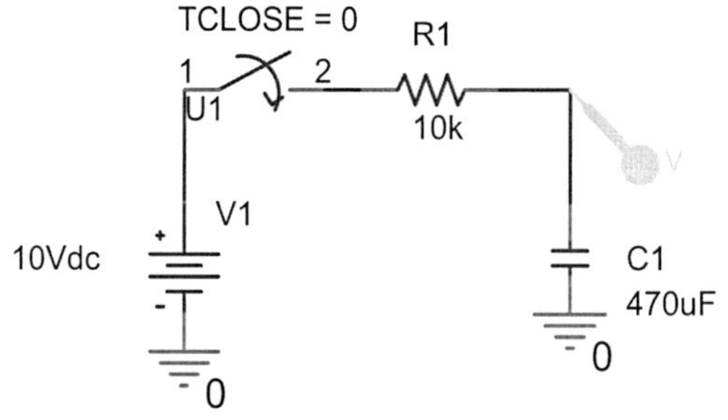

그림 7-8

▌표 7-1▐

	$\tau = RC = 4.7[s]$	2τ	3τ	4τ	5τ
$V_0(t)$					

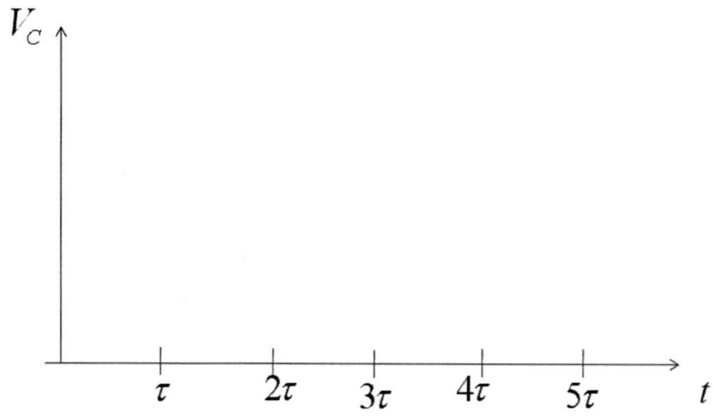

▌그림 7-9 충전 그래프

(2) 방전 특성 실험

그림 7-10을 구성하라. 초기 충전 전압은 10V로 정하라. $\tau = RC = 4.7[s]$, 2τ $3\tau, 4\tau$, 5τ에서 콘덴서에 충전되는 전압을 측정하여 표 7-2에 기록하고 그림 7-11 충전 그래프로 나타내라.

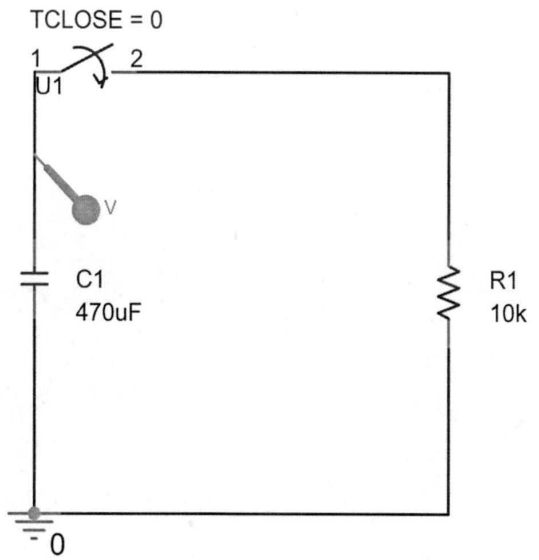

▌그림 7-10 방전 실험

▌표 7-2▐

	$\tau = RC = 4.7[s]$	2τ	3τ	4τ	5τ
$V_0(t)$					

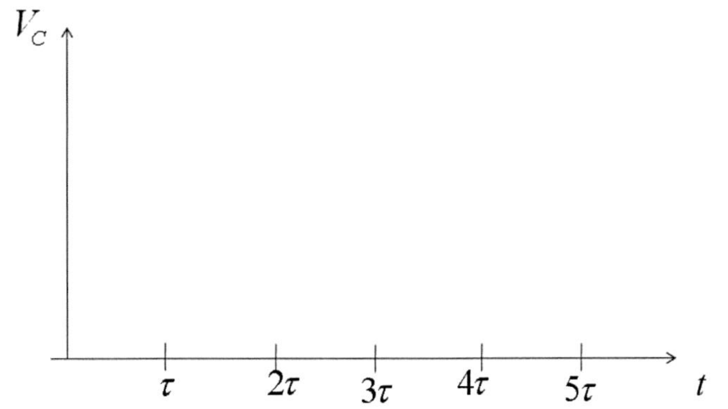

▌그림 7-12 방전 그래프

실험 8 R-L 회로의 직류 특성

1 개요

(1) R-L 회로에서 직류 전압 인가시 충전 및 방전 특성을 이해한다.

(2) 시정수 $\tau = \frac{L}{R}$ 를 이해한다.

2 관련 이론

(1) R-L 직렬 회로의 직류 특성

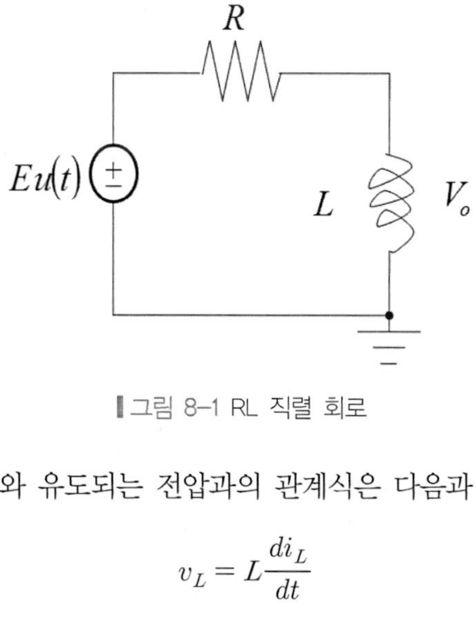

▌그림 8-1 RL 직렬 회로

코일에 흐르는 전류와 유도되는 전압과의 관계식은 다음과 같다 :

$$v_L = L\frac{di_L}{dt}$$

코일에 흐르는 전류가 직류 즉, $i_L(t) = I_L$ 일 때, 유도전압은 $v_L = L\frac{di_L}{dt} = 0$ 이고, 코일에 흐르는 전류가 교류 전류, 즉 $i_L(t) = I_L \sin\omega t$ 일 때, 유도전압은 $v_L(t) = LI_L\omega\cos\omega t$ 가 되어 교류 전압이 유도된다. 이를 패러데이 전자유도라

부른다.

코일에 흐르는 전류가 순간적으로 변하면, 무한대의 임펄스 전압이 발생되는데, 무한대의 전력이 순간적으로 발생하게 된다. 따라서 이런 경우는 특별한 예외적인 현상으로 물리적으로 거의 존재하지 않고, 인덕터에 흐르는 전류는 시간적으로 연속(continuous)이라고 가정할 수 있다. 즉, 수식으로 나타내면, 다음과 같은 조건이 성립한다 :

$$i_L(t_-) = i_L(t_+)$$

$t=0$에 ,R–L 직렬 회로에 대하여 직류 전압을 인가하면 코일은 최종적으로 단락과 같은 상태로 된다. 따라서 코일에 흐르는 전류는 $\frac{E}{R}$[A]가 된다. 그림 8–1의 RL 직렬 회로로부터 KVL 방정식을 세우면 다음과 같다 :

$$E = Ri + L\frac{di}{dt}$$

위 식으로 부터 강제 응답 i_p 및 자연 응답 i_h을 구하면,

$$\frac{di_p}{dt} + \frac{R}{L}i_p = \frac{E}{L}$$

$$\frac{di_h}{dt} + \frac{R}{L}i_h = 0$$

로 부터,

$$i_h = Ae^{-\frac{R}{L}t},\ i_p = \frac{E}{R}$$

가 된다. 따라서

$$i = Ae^{-\frac{R}{L}t} + \frac{E}{R}$$

를 얻을 수 있다. $i(0)=0$로 가정하면,

$$i = \frac{E}{R}(1 - e^{-\frac{R}{L}t})$$

$$v = L\frac{di}{dt} = L\frac{E}{R}(\frac{R}{L}e^{-\frac{R}{L}t}) = Ee^{-\frac{R}{L}t}$$

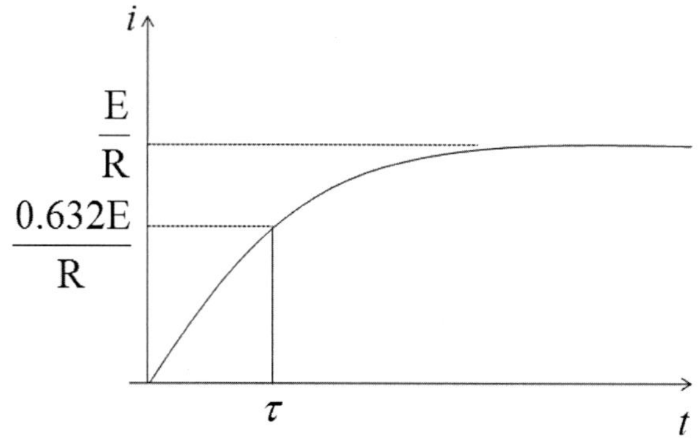

▌그림 8-2 코일에 흐르는 전류응답 곡선

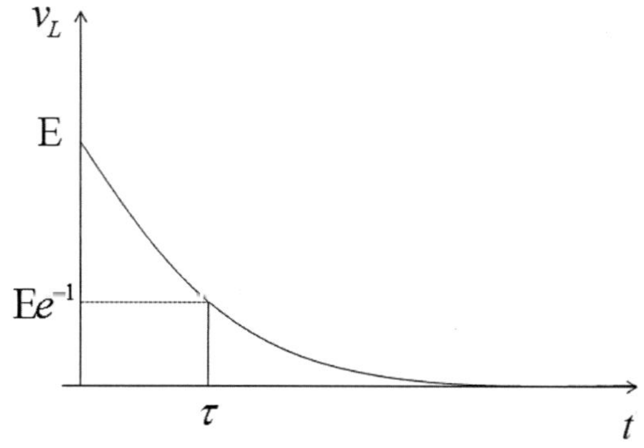

▌그림 8-3 코일의 유도전압응답 곡선

코일에 흐르는 전류응답 곡선으로부터 $\tau = \frac{L}{R}$가 코일의 시정수(time constant)가 된다. 콘덴서의 경우에서와 동일하게 $\tau = \frac{L}{R}$의 값이 클수록 정상상태값(steady state value)에 도달하는 시간이 느려지고 반대로 $\tau = \frac{L}{R}$의 값이 짧을수록 정상상태값에 도달하는 시간이 빨라진다. 코일에 충전되는 전류 방정식

$$i = \frac{E}{R}(1 - e^{-\frac{R}{L}t})$$

로 부터 콘덴서의 경우에서와 동일하게 $t = \tau$ 일 때 $i_L(\tau) = \frac{E}{R}(1 - e^{-1}) \simeq 0.632\frac{E}{R}$가 되어 최종치 $i_L(\infty) = \frac{E}{R}$의 63.2%에 도달하게 된다.

$t = 2\tau$ 일 때는 $i_L(2\tau) = \frac{E}{R}(1 - e^{-2}) \simeq 0.865\frac{E}{R}$가 되어 최종치의 86.52%에 도달하게 된다. $t = 5\tau$ 일 때는 $i_L(5\tau) = \frac{E}{R}(1 - e^{-5}) \simeq 0.993\frac{E}{R}$가 되어 최종치의 99.3% 에 도달하게 된다.

예제 1 코일 직류 충전 실험

다음 회로에서 $t=0$에 스위치를 닫았다. $R=100\Omega$ 및 $L=10mH$ 이며 입력 전압은 $10V$ 이다. $\tau=\frac{L}{R}$ 를 구하고, $t=0$ 이후 코일의 전류 및 전압에 대한 응답 곡선을 그려라. 코일에 흐르는 초기 전류는 0[A]로 가정하라.

풀이

$$\tau=\frac{L}{R}=\frac{10\times 10^{-3}}{100}=10^{-4}[s]$$

이다. $t=\tau$ 일 때 $i_L(\tau)=\frac{E}{R}(1-e^{-1})\simeq 63.2mA$가 되어 최종치 $i_L(\infty)=100mA$의 63.2%에 도달하게 된다. $t=2\tau$ 일 때는 $i_L(2\tau)=\frac{E}{R}(1-e^{-2})\simeq 86.5mA$가 되어 최종치의 86.52%에 도달하게 된다. $t=5\tau$ 일 때는 $i_L(5\tau)=\frac{E}{R}(1-e^{-5})\simeq 99.3mA$가 되어 최종치의 99.3%에 도달하게 된다. 한 편 코일에 유도되는 전압은

$$v=L\frac{di}{dt}=Ee^{-\frac{R}{L}t}=10e^{-10^4t}[V]$$

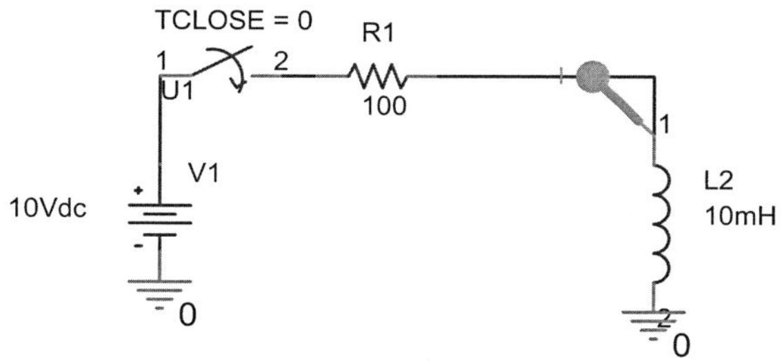

▌그림 8-4 코일 직류 충전 실험

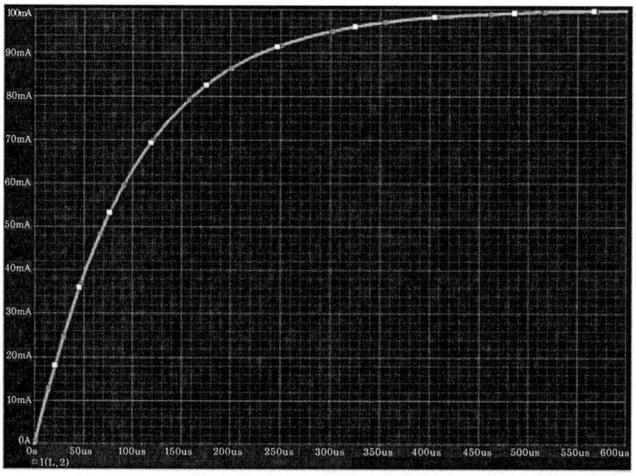

▌그림 8-5 코일 직류 충전 실험 시뮬레이션 결과(코일 전류)

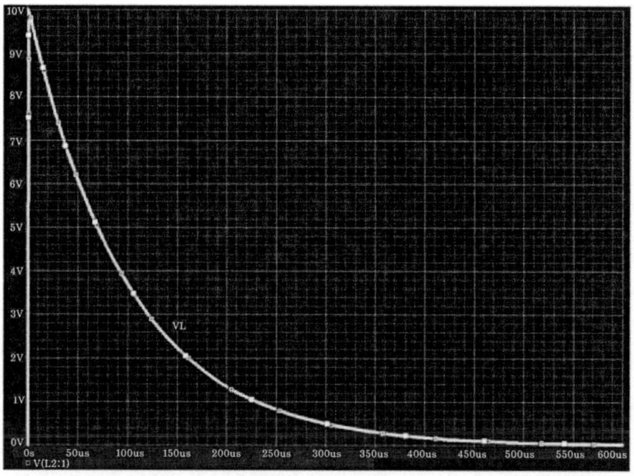

▌그림 8-6 코일 직류 충전 실험 시뮬레이션 결과(코일 전압)

(2) 코일 직류 방전 특성

코일에 초기 전류가 $i(0)$가 흐르고 있을 때 $t=0$에 스위치를 닫으면, 코일에 저장된 에너지는 저항을 통하여 시상수 $\tau=\dfrac{L}{R}$로 방전 한다.

$$i=i(0)e^{-\frac{R}{L}t}$$

$$v=L\frac{di}{dt}=L(-\frac{R}{L}i(0)e^{-\frac{R}{L}t})=-Ri(0)e^{-\frac{R}{L}t}$$

예제 2 코일 직류 방전 실험

다음 회로에서 $t=0$에 스위치를 닫았다. $R=100\Omega$ 및 $L=100mH$ 이며 코일의 초기 전류는 $10mA$ 이다. $\tau=\dfrac{L}{R}$를 구하고, $t=0$이후 코일의 전류 및 전압에 대한 응답 곡선을 그려라.

풀이

$$\tau=\frac{L}{R}=10^{-4}[s]$$

$$i=0.1e^{-10^4t}\,[A]$$

$$v=10^{-2}\frac{di}{dt}=10^{-2}(-0.1\times10^4e^{-10^4t})=-10e^{-10^4t}\,[V]$$

공학도를 위한 기초 회로 실험

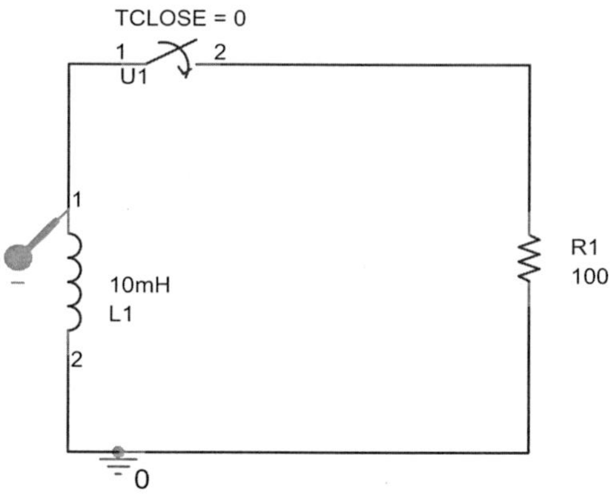

▌그림 8-7 코일 방전 실험

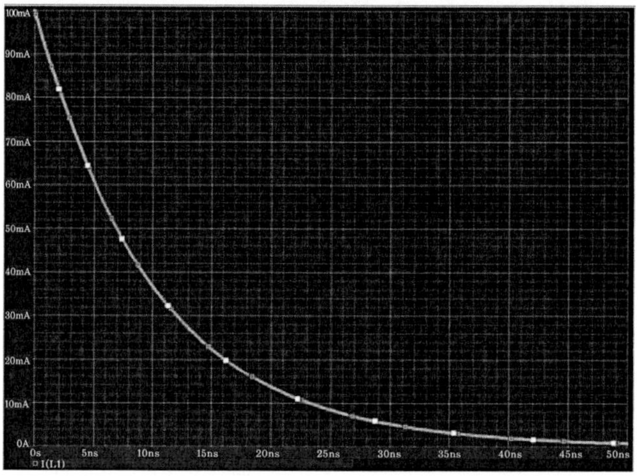

▌그림 8-8 코일 직류 방전 실험 시뮬레이션 결과(코일 전류)

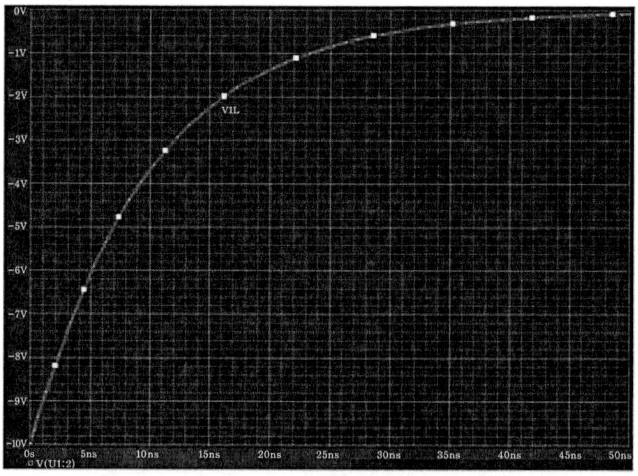

▌그림 8-9 코일 직류 방전 시뮬레이션(코일 전압)

공학도를 위한 기초 회로 실험

(3) 코일의 인덕턴스값 정격

코일의 인덕턴스의 기본 단위는 μH 단위이다. 표 8-1은 코일의 인덕턴스값 색(color) 판별기준을 나타낸다. 따라서 다음 경우에 대하여 띠의 순서별 색깔에 대한 판별값은 다음과 같다:

- 노란색-보라색-적색-금색: $47 \times 10^2 \mu H$ $\pm 5\%$ 즉, $4.7mH$ $\pm 5\%$
- 갈색-검은색-갈색-은색: $10 \times 10^1 \mu H$ $\pm 10\%$ 즉, $100 \mu H$ $\pm 10\%$
- 주황색-주황색-주황색-검은색: $33 \times 10^3 \mu H$ $\pm 20\%$ 즉, $33mH$ $\pm 20\%$

표 8-1 코일의 인덕턴스값 색(color) 판별("기초회로실험", 백주기, 성안당 참조)

	첫째 띠 색	둘째 띠 색	셋째 띠 색	넷째 띠 색
	10의 자릿수	1의 자릿수	10의 승수	오차
검은색(black)	0	0	10^0	±20%
갈색(brown)	1	1	10^1	
적색(red)	2	2	10^2	
주황색(orange)	3	3	10^3	
노란색(yellow)	4	4	10^4	
초록색(green)	5	5	10^5	
파랑색(blue)	6	6	10^6	
보라색(viloet)	7	7	10^7	
회색(gray)	8	8	10^8	
흰색(white)	9	9	10^9	
금색(gold)	–	–	10^{-1}	±5%
은색(silver)	–	–	10^{-2}	±10%

3 실험 기기 및 부품

(1) **저항 :** $R = 100\Omega$ 1개

(2) **코일 :** $L = 10mH$ 1개

(2) **디지털 멀티미터(DMM) 1대**

(3) **직류 전원 공급기 1대**

4 실험절차

(1) 충전 특성 실험

그림 8-10을 구성하라. $\tau = \frac{L}{R} = \frac{10 \times 10^{-3}}{100} = 10^{-4}[s]$, 2τ, 3τ, 4τ, 5τ에서 코일에 흐르는 전류 및 전압을 측정하여 표 8-2에 기록하고 그림 8-11 충전 그래프로 나타내어라.

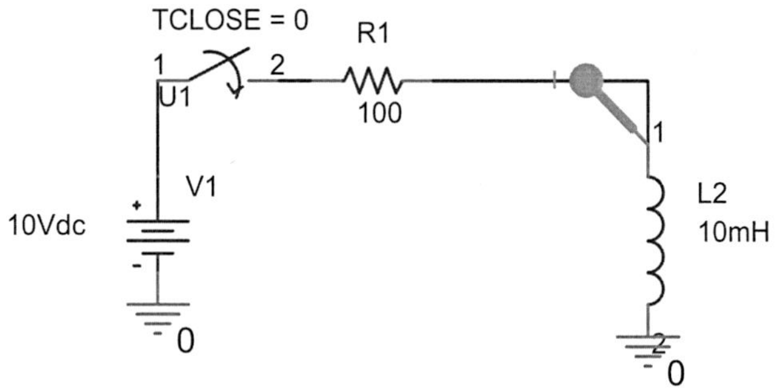

▌그림 8-10 코일 직류 충전 실험

▌표 8-2▐

	$\tau = 10^{-4}[s]$	2τ	3τ	4τ	5τ
$V_0(t)$					

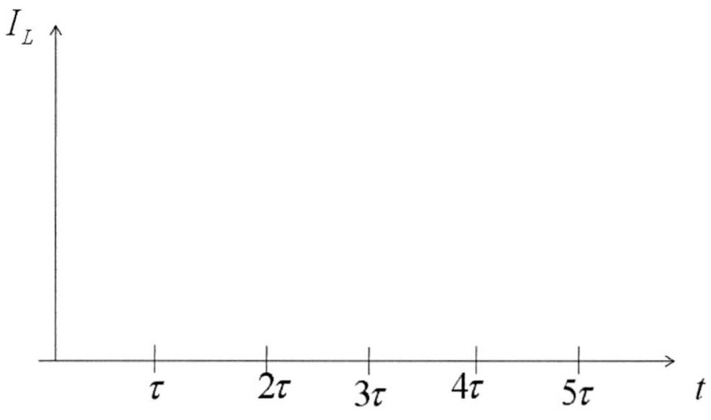

▌그림 8-11 충전 그래프

(2) 방전 특성 실험

그림 8–12를 구성하라. $t=0$에 코일에 흐르는 전류는 $100mA$로 정하라. $\tau=\dfrac{L}{R}=\dfrac{10\times10^{-3}}{100}=10^{-4}[s]$, 2τ, 3τ, 4τ, 5τ에서 코일에 흐르는 전류 및 전압을 측정하여 표 8–3에 기록하고 그림 8–13 방전 그래프로 나타내라.

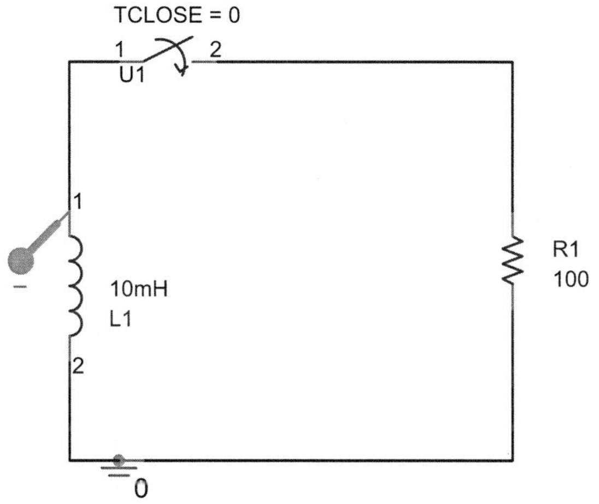

▌그림 8–12 코일 방전 실험

▌표 8–3▐

	$\tau=10^{-4}[s]$	2τ	3τ	4τ	5τ
$V_0(t)$					

(3) 시간이 너무 빨라 육안으로 식별하기가 어려울 것이다. 최종치(final value)만 확인하기 바란다.

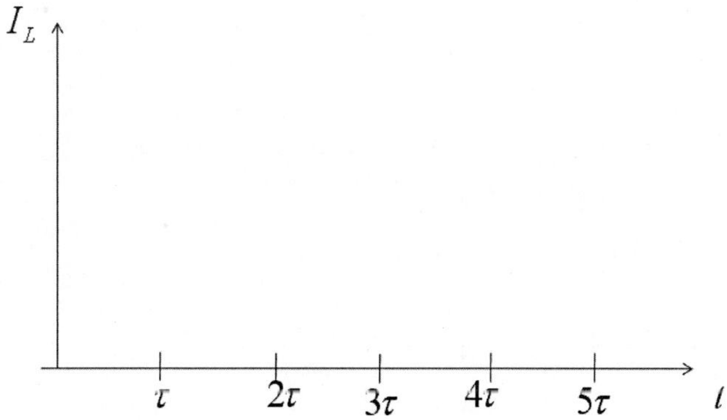

▌그림 8–13 방전 그래프

실험 9 오실로스코우프(Oscilloscope)

1 실험 목적

(1) 오실로스코우프의 동작원리 및 사용법을 이해한다.

(2) 함수발생기를 사용하여 교류신호의 발생 및 측정법을 이해한다.

2 기본 이론

오실로스코우프는 그림 9-1과 같이 시간에 따라 변하는 전기신호의 전압파를 스크린에 디스플레이 하는 장치이다. 전압파형의 형태는 가로 축에 시간, 세로 축에 전압의 크기로 나타나게 된다. 즉, X 축은 시간 축(time axis), Y 축은 전압 축(voltage axis), Z 축은 명암 또는 밝기 축(intensity axis)이다. 오실로스코우프에 디스플레이 되는 전기신호는 전압에 대한 직류 성분 및 교류성분과 주파수등의 정보를 포함하고 있다. 또한 오작동시 포함하는 노이즈 성분도 디스플레이 해 줌으로써 실험을 정상적으로 수행할 수 있는 발판이 되어준다.

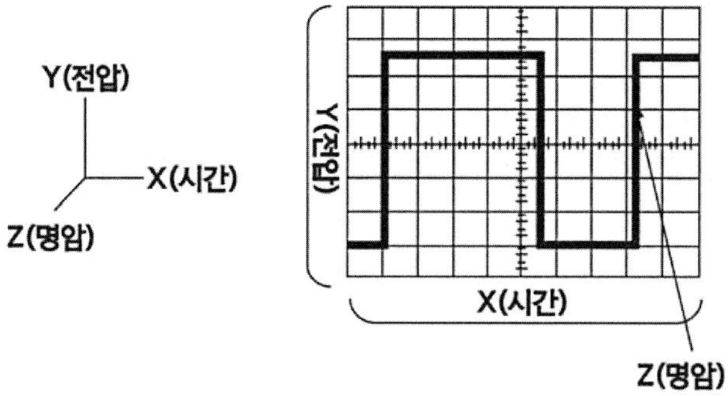

그림 9-1 구형파(square wave)의 X, Y, Z 성분

오실로스코우프가 디스플레이할 수 있는 파동의 형태는 다음과 같다:

- 사인파(sine wave)
- 삼각파(triangular wave)
- 구형파(square wave)
- 동기신호(sync signal)
- 주기신호 및 비주기 신호
- 복합 신호(composite signal)

1) 용어 정의

❶ 주파수(frequency) 및 주기(period): 1초당 반복되는 사이클의 횟수를 주파수라고 부르고 주파수의 역수는 주기가 된다. 정현파 신호

$$v(t) = V_m \sin(2\pi f t + \theta)$$

에서 f가 주파수이고, 단위는 헤르츠$[Hz]$이며, 주기는 $T = \frac{1}{f}$ 이 되고, 단위는 초$[sec]$이다. 한편, $\omega = 2\pi f$ 는 각속도(angular frequency)라고 부르고, 단위는 라디안$[rad]$이다. 정현파의 일반적인 형태는 그림 9-2와 같이 위상(phase angle)을 포함하고 있다. $v(t) = V_m \sin(\omega t + \theta)$는 $v(t) = V_m \sin\omega t$을 θ만큼 앞선다(lead)고 말한다. 반대로, $v(t) = V_m \sin\omega t$는 $v(t) = V_m \sin(\omega t + \theta)$보다 θ 만큼 뒤진다(lag) 라고 한다.

❷ 최대값(maximum value): 접지 혹은 $0[V]$에서 진폭(amplitude) V_m을 측정한 값

❸ 첨두(peak-topeak value)치: 전압의 최대값 V_m과 최소값 $-V_m$의 차이값 즉, $2V_m$을 말한다.

❹ 평균(anerage value)치: 주기 함수의 평균값은

$$f_{av} = \frac{1}{T}\int_0^T f(t)dt$$

로 정의한다.

❺ 실효치: 실효치의 정의에 의해 정현파 신호인 경우 최대값의 0.707배 정도가 된다.

$$v_{eff} = \sqrt{\frac{1}{T}\int_0^T v(t)^2 dt} = \sqrt{\frac{1}{2\pi} v(t)^2 d(\omega t)} = \frac{V_m}{\sqrt{2}}$$

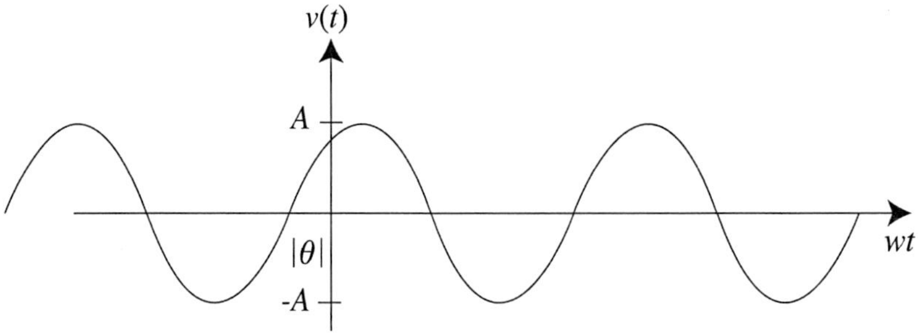

▌그림 9-2 $v(t) = A\sin(\omega t + \theta)$

디지털 오실로스코우프에는 화면에 자동으로 최대값, 실효값, 평균값, 첨두치, 주파수 및 주기등을 숫자로 디스플레이해 주고 있기 때문에 실험자가 육안으로 직접 눈금을 해석하는 것보다 간편하고 정확하다. 디지털 오실로스코우프는 아날로그-디지털 변환(A/D Converter)을 이용하여 측정한 전압을 디지털로 변환하고 그 변환된 값을 저장한다. 이를 샘플링이라고 부른다. 오실로스코우프는 이렇게 샘플링된 값들을 저장하고 파형을 재생하기 충분하도록 샘플값을 누적시켰다가 디스플레이한다. 이처럼 디지털 오실로스코우프는 디지털 방식으로 디스플레이함으로써 아날로그 방식보다 훨씬 더 안정적이고 밝고 선명한 신호를 얻을 수가 있는 것이다. 특히, 아날로그 방식에서 흔히 나타나는 현상인 눈부심이나, 깜박거림이 거의 없다는 장점을 가지고 있다.

2) 오실로스코우프의 구성

수직 시스템, 수평 시스템, 트리거 시스템 및 디스플레이 시스템으로 구성되며, 각 시스템은 컨트롤 기능이 있다. 즉 입력신호에 적합하도록 다음 3가지 기본 설정을 적절하게 조정하여야 한다.

- vertical : 세로축 상에서 신호의 진폭을 원하는 측정 범위로 조절하는 기능. 신호 진폭 자체가 실제로 변경되는 것이 아님을 주지하기 바란다.
- Horizontal : 너무 빠르거나 느린 주기성 신호에 대하여 가로 축 상에서 원하는 측정 범위로 조절하는 기능. 신호의 주파수 자체가 실제로 변경되는 것이 아님을 주지하기 바란다.
- Trigger : 깜박거리거나 불안정하게 반복되는 신호의 안정화 및 단일화 기능

❶ 수직 시스템 및 콘트롤

– 수직 위치 콘트롤

파형을 위아래로 이동하여 화면에서 원하는 위치로 이동할 수 있다.

– 볼트 영역(Volts/DIV)

화면에 보여진 신호의 크기를 변경하는 스케일 단위이다. 볼트 영역이 1 Volts/DIV로 설정되었다면, 각각의 수직영역이 1[V]이고 8개의 수직 영역에 대하여 전체 8[V] 까지 표시될 수 있다.

-입력 커플링(coupling) : DC/GND/AC

DC : 직류성분과 교류 성분을 모두 표시

AC : 직류 성분을 차단하고 교류 성분만을 표시

GND : 직류성분과 교류 성분을 모두 차단하며, 휘선이 수직 0[V] 기준에 오도록 0점 조정할 때 필요하다.

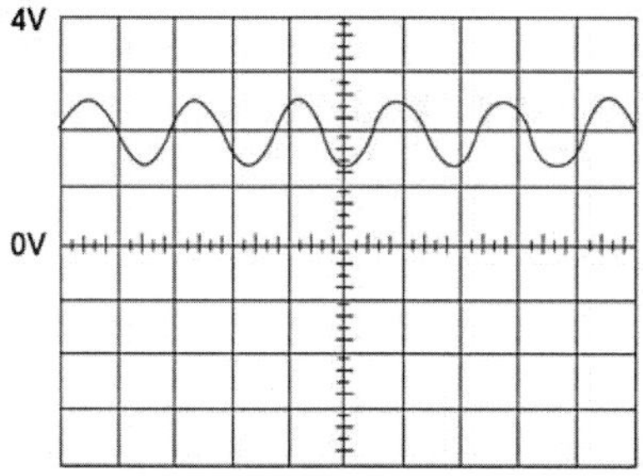

(a) DC 커플링

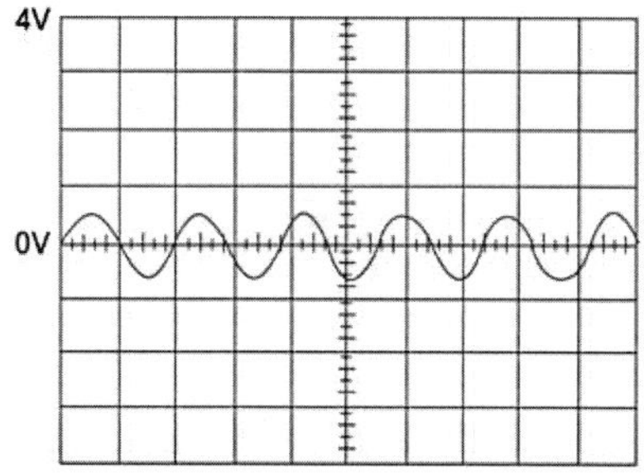

(b) AC 커플링

▌그림 9-3 입력 커플링(coupling)

직류 전압을 측정하기 위하여 먼저 스위치를 GND에 맞추고 휘선이 수직 0[V] 기준에 오도록 하고, 스위치를 DC로 전환한다. 그때 휘선이 위 또는 아래로 이동하는데 이동 값이 직류 전압값이 된다.

❷ 수평 시스템 및 컨트롤

- 수평 위치 컨트롤

파형을 좌우로 이동하여 화면에서 원하는 위치로 이동할 수 있다.

- 초 영역(Secs/DIV)

화면에 보여진 신호의 주기를 변경하는 스케일 단위이다. 설정이 1[μs]이면, 각각의 영역이 1[μs]이고 따라서 전체 화면 폭은 10[μs]가 된다. 초 영역을 변경하여 신호를 원하는 시간 간격으로 볼 수가 있다.

❸ 트리거 시스템 및 컨트롤

트리거 컨트롤을 사용하여 깜박거리거나 불안정하게 반복되는 신호를 안정화시켜주고 단일화 할 수 있다.

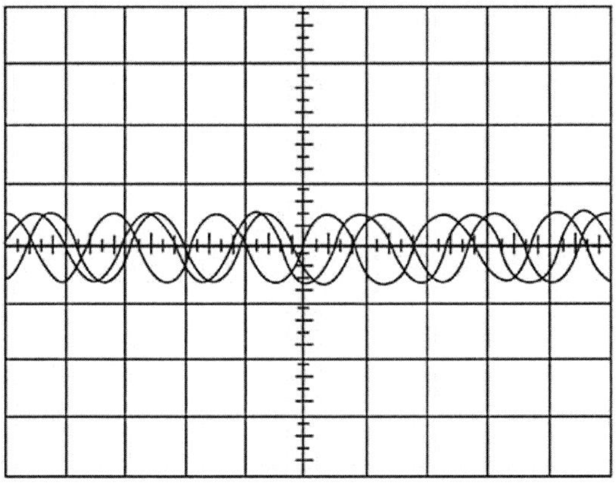

▎그림 9-4 트리거 미적용 상태의 불안정한 파형

3 오실로스코우프 및 함수 발생기 작동방법(텍트로닉스 매뉴얼 참조)

(1) 함수 발생기로 정현파 발생-오실로스코우프 스크린상에 디스플레이하는 절차

- 함수 발생기를 ON 시키고, 정현파 $v_i(t) = 10\sin(2\pi \times 1000t)[V]$를 발생시킨다. 진폭을 조절하여 $10[V]$로 맞춘다. 신호의 주파수를 $1kHz$로 조정한다.
- 오실로스코우프에 CH1에 프로브로 연결하고 Volts/DIV를 조절하여 신호의 진폭 $10[V]$을 스크린상에서 확인한다. 최대치 또는 진폭이 $10[V]$일 때, 첨두치는 $20[V_{P-P}]$이고, 실효치는 $\dfrac{V_P}{\sqrt{2}} = 7.07[V]$가 된다.
- Secs/DIV를 조절하여 신호의 주파수$1kHz$를 스크린상에서 확인 한다.

예제 1 서로 다른 진폭을 갖는 2개의 직류신호가 동시에 인가될 때 회로 해석

그림 9-5 회로에서 $2k\Omega$에서 전압을 구하라.

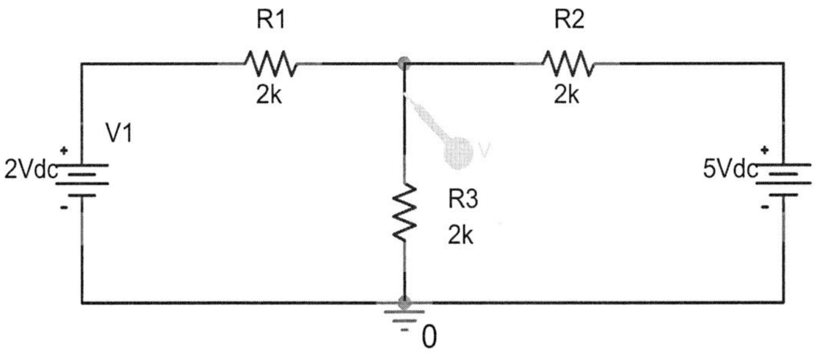

▎그림 9-5 예제 1

풀 이

중첩의 원리에 의해 5[V]직류 전원을 OFF 하고 2[V]직류 전원을 ON 할 때,

$$v_{01}(t) = \frac{1}{3} \times 2 = \frac{2}{3}\,[V]$$

2[V]직류 전원을 OFF 하고 5[V]직류 전원을 ON 할 때,

$$v_{02}(t) = \frac{1}{3} \times 5 = \frac{5}{3}\,[V]$$

따라서 두 출력 $v_{01}(t)$과 $v_{02}(t)$를 합성하면 $2k\Omega$에서의 전압이 된다.

$$v_0(t) = v_{01}(t) + v_{02}(t) = \frac{2}{3} + \frac{5}{3} = \frac{7}{3} \simeq 2.33\,[V]$$

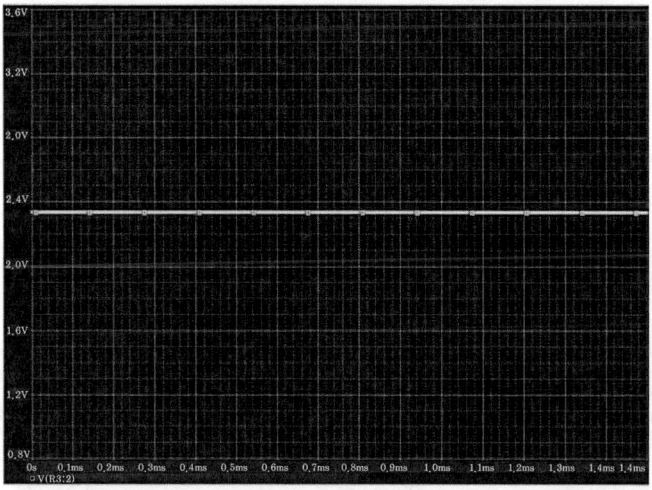

▌그림 9-6 시뮬레이션 결과

시뮬레이션 결과는 출력 신호$v_0(t)$의 파형을 나타내고 있다. 출력신호는 $v_0(t) \simeq 2.33\,[V]$로 중첩의 원리에 의한 계산 결과와 거의 일치함을 확인할 수 가 있다.

예제 2 직류와 교류신호가 동시에 인가될 때 회로 해석

그림 9-7 회로에서 $2k\Omega$에서 전압을 구하라.

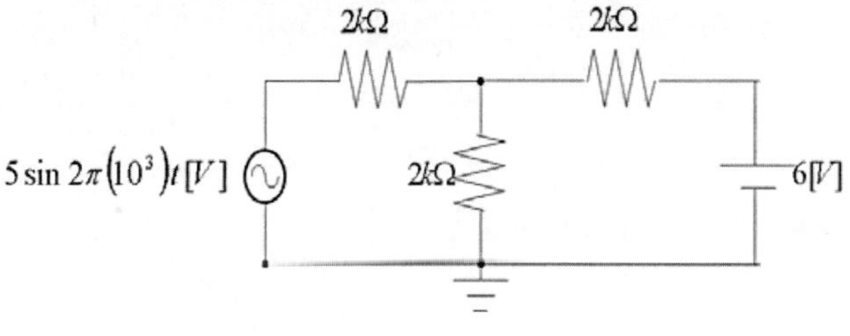

▌그림 9-7 예제

풀이

중첩의 원리에 의해 직류 전원을 OFF 하고 교류 전원을 ON 할 때,

$$v_{01}(t) = \frac{1}{3} \times 5\sin 2\pi(1000)t,$$

직류 전원을 ON 하고 교류 전원을 OFF 할 때,

$$v_{02}(t) = \frac{1}{3} \times 6 = 2$$

따라서 두 출력 $v_{01}(t)$ 과 $v_{02}(t)$를 합성하면 $2k\Omega$에서의 전압이 된다.

$$v_0(t) = v_{01}(t) + v_{02}(t) = \frac{1}{3} \times 5\sin 2\pi(1000)t + 2\,[V]$$

최대값과 최소값은 각각 다음과 같다 :

$$v_{0\max}(t) = \frac{5}{3} + 2 \simeq 3.67\,[V]$$

$$v_{0\min}(t) = -\frac{5}{3} + 2 \simeq 0.33\,[V]$$

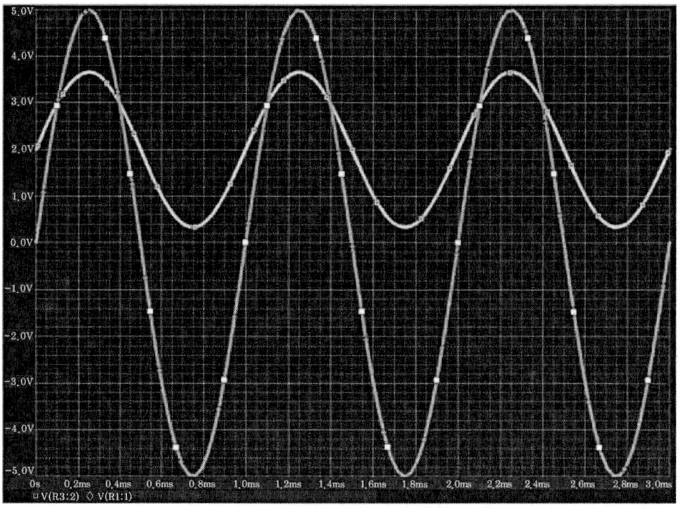

▌그림 9-8 시뮬레이션 결과

시뮬레이션 결과는 교류 입력 신호 $5\sin 2\pi(1000)t$와 출력 신호 $v_0(t)$의 파형을 나타내고 있다. 출력신호에는 직류성분이 포함되어 있음을 알 수 있다. 중첩의 원리에 의한 계산 결과와 거의 일치함을 확인할 수 있다.

예제 3 서로 다른 주파수를 갖는 2개의 교류신호가 동시에 인가될 때 회로 해석

그림 9-9 회로에서 $2k\Omega$에서 전압을 구하라.

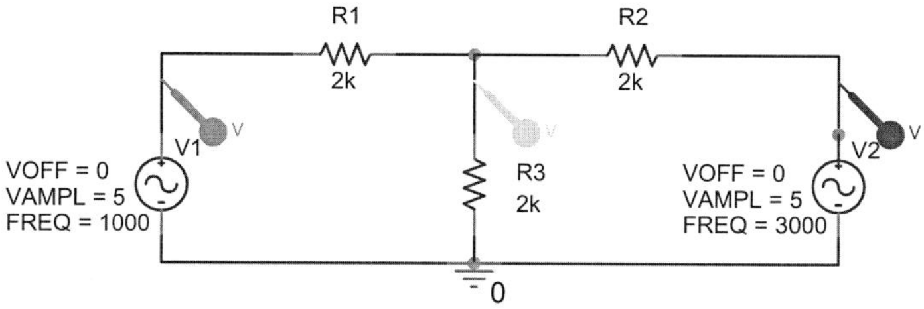

▌그림 9-9 예제 3

풀이

중첩의 원리에 의해 $v_1(t)$을 OFF 하고 $v_2(t)$을 ON 할 때,

$$v_{01}(t) = \frac{1}{3} \times 5\sin 2\pi(1000)t,$$

$v_1(t)$을 ON 하고 $v_2(t)$을 OFF 할 때,

$$v_{02}(t) = \frac{1}{3} \times 5\sin 2\pi(3000)t$$

따라서 두 출력 $v_{01}(t)$과 $v_{02}(t)$를 합성하면 $2k\Omega$에서의 전압이 된다.

$$v_0(t) = v_{01}(t) + v_{02}(t) = \frac{5}{3}[\sin 2\pi(1000)t + 5\sin 2\pi(1000)t]\ [V]$$

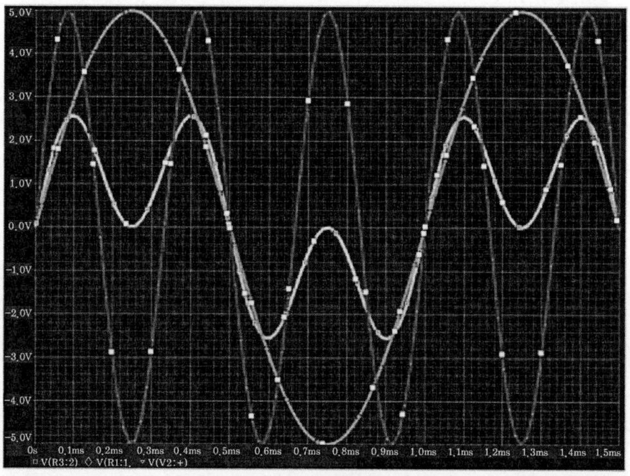

▌그림 9-10 시뮬레이션 결과

시뮬레이션 결과는 교류 입력 신호 $5\sin 2\pi(1000)t$, $5\sin 2\pi(3000)t$ 및 출력 신호 $v_0(t)$의 파형을 나타내고 있다. 중첩의 원리에 의한 계산 결과와 거의 일치함을 확인할 수 있다. 서로 다른 주파수의 정현파가 입력이 되면 출력신호의 파형은 왜곡된(distorted) 듯한 현상을 보여준다. 실제로 원하는 신호가 $5\sin 2\pi(1000)t$ 일 때, 잡음이나 간섭신호인 $5\sin 2\pi(3000)t$가 혼입할 때, 출력신호의 파형은 왜곡된다는 사실을 보여준다.

4 실험 기기 및 부품

(1) 저항 : 2k 3개

(2) 디지털 멀티미터(DMM) 1대

(3) 직류 전원 공급기 1대

(4) 함수 발생기 1대

(4) 오실로스코우프 1대

5 실험절차

(1)직류 + 직류신호 입력시 측정 실험

그림 9-11의 회로를 구성하라. 직류전원 2[V]와 5[V]를 회로에 각각 입력신호로 인가한다. 오실로스코우프의 CH1에 측정 프로브(Probe)로 연결하고 $2k\Omega$에서 전압의 파형을 측정하라. 직류성분을 포함하는 전압을 측정하기 위하여 먼저 입력커플링 스위치를 GND에 맞추고 휘선이 수직 0[V] 기준에 오도록 하고, 스위치를 DC로 전환한다. 그때 휘선이 위 또는 아래로 이동하는데 이동값이 직류 전압값이 된다.

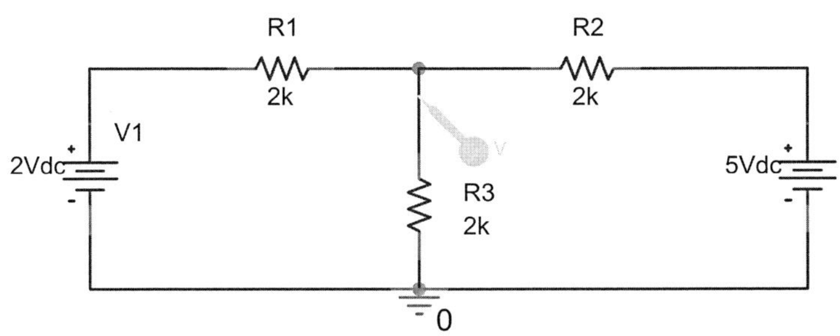

그림 9-11

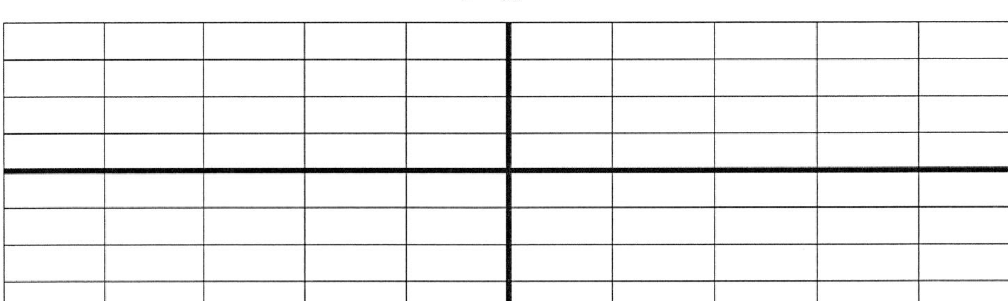

그림 9-12 직류 + 직류신호 입력시 출력 파형

공학도를 위한 기초 회로 실험

(3) 직류 +교류신호 입력시 측정 실험

그림 9-13의 회로를 구성하라. 함수 발생기를 ON 시키고, 정현파 $v_i(t) = 5\sin(2\pi \times 1000t)\,[V]$를 발생시켜 좌측 입력에 인가한다. 진폭을 조절하여 $5\,[V]$로 맞춘다. 신호의 주파수를 $1kHz$로 조정한다. 직류 전원공급기로 $6\,[V]$를 맞추고 우측 입력에 인가한다. 오실로스코우프의 CH1에 측정 프로브(Probe)로 연결하고 $2k\Omega$에서 전압의 파형을 측정하라.

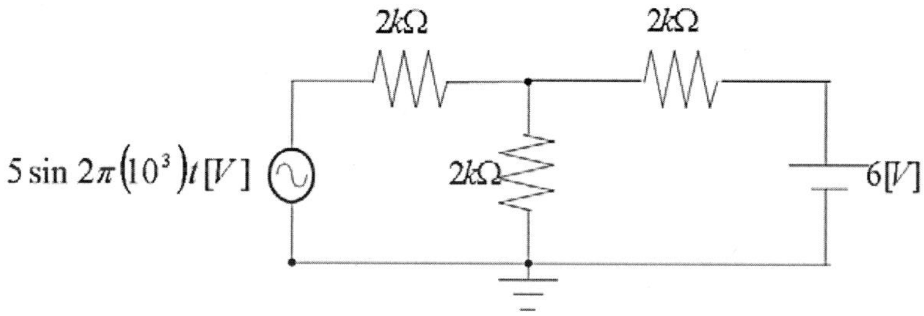

▌그림 9-13

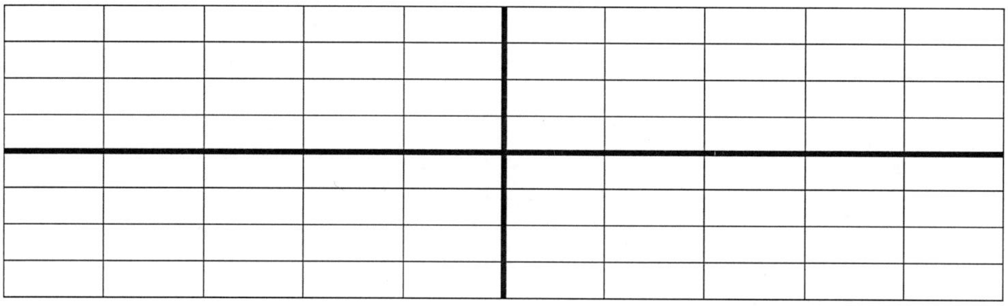

▌그림 9-14 직류 + 교류신호 입력시 출력 파형

(4) 교류+교류신호 입력시 측정 실험

그림 9-15의 회로를 구성하라. 정현파 $v_1(t) = 5\sin(2\pi \times 1000t)\,[V]$를 발생시켜 좌측 입력에 인가한다. 한편, 정현파 $v_2(t) = 5\sin(2\pi \times 3000t)\,[V]$를 발생시켜 우측 입력에 인가한다. 오실로스코우프의 CH1에 측정 프로브(Probe)로 연결하고 $2k\Omega$에서 전압의 파형을 측정하라.

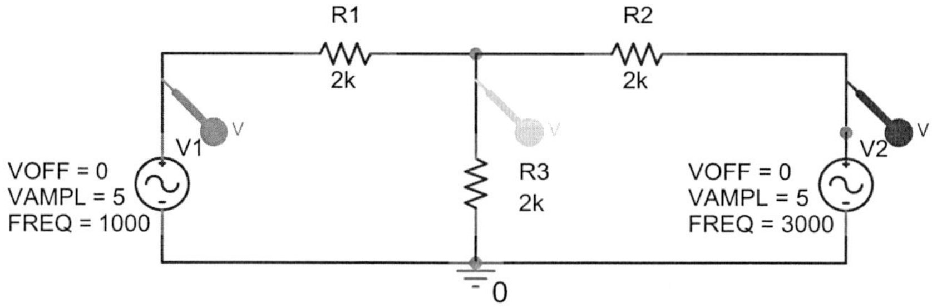

▌그림 9-15

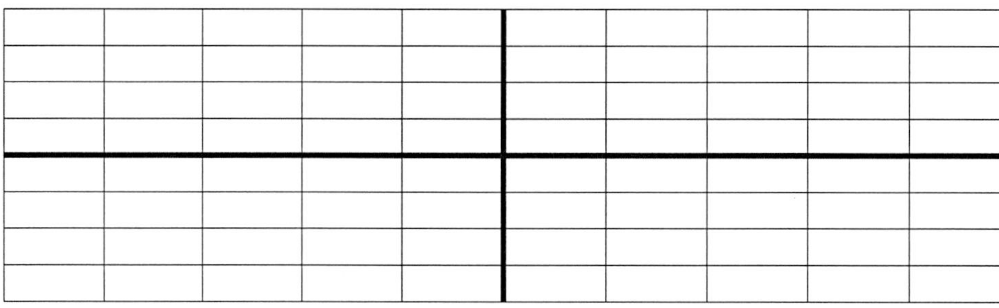

▌그림 9-16 교류 + 교류신호 입력시 출력 파형

실험 10 콘덴서의 직렬 및 병렬 접속 실험

1 실험 목적

(1) 콘덴서의 직렬 및 병렬 접속 개념 및 방법을 이해한다.

(2) 콘덴서에 대한 전압 및 전류 분배 법칙(division law)을 이해한다.

2 기본 이론

(1) 식렬 섭속

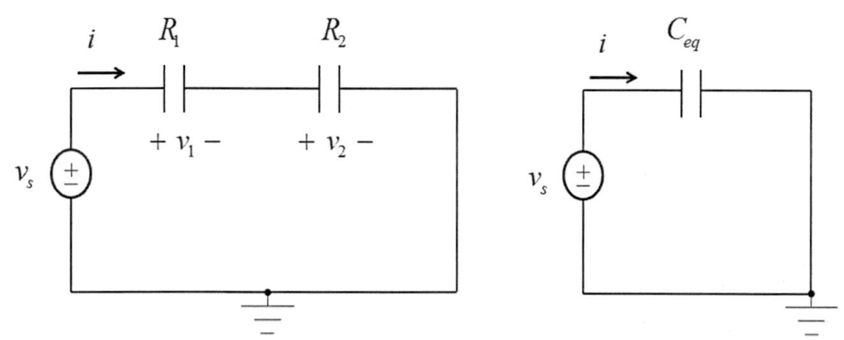

(a) 콘덴서의 직렬 회로 (b) 등가 회로

▌그림 10-1 콘덴서의 직렬 접속

그림 10-1(a)에 키르히호프 전압법칙(KVL)을 적용하면,

$$v_s = v_1 + v_2$$

옴 법칙에 의해

$$v_s = \frac{1}{C_1}\int_{t_0}^{t} idt + v_1(t_0) + \frac{1}{C_2}\int_{t_0}^{t} idt + v_2(t_0) \qquad (10-1)$$

$$v_s = \frac{1}{C_{eq}} \int_{t_0}^{t} i dt + v_s(t_0) \quad (10-2)$$

따라서

$$C_{eq} = \frac{1}{\frac{1}{C_1} + \frac{1}{C_2}} \quad (10-3)$$

이며,

$$v_s(t_0) = v_1(t_0) + v_2(t_0)$$

이로부터 등가 회로를 그리면 그림 10-1(b)가 된다.

만약, N개의 콘덴서가 직렬로 접속되면, 등가 커패시턴스는

$$C_{eq} = \frac{1}{\sum_{n=1}^{N} \left(\frac{1}{C_n} \right)}$$

한편, 식 (10-1)-(10-3)으로부터 초기값을 0으로 가정하면,

$$v_s = \frac{C_1 v_1}{C_{eq}} = C_1 \left(\frac{1}{C_1} + \frac{1}{C_2} \right) v_1 = \frac{C_1 + C_2}{C_2} v_1$$

$$v_s = \frac{C_2 v_2}{C_{eq}} = C_2 \left(\frac{1}{C_1} + \frac{1}{C_2} \right) v_2 = \frac{C_1 + C_2}{C_1} v_2$$

로부터 다음과 같은 전압 분배 관계식을 얻게 된다:

$$v_1 = \frac{C_2}{C_1 + C_2} v_s \quad (10-4)$$

$$v_2 = \frac{C_1}{C_1 + C_2} v_s \quad (10-5)$$

예제 1

다음 콘덴서 직렬 접속 회로에서 직류전압을 인가시 각각의 콘덴서에 충전되는 전압을 각각 구하라.

$$v_1 = \frac{C_2}{C_1 + C_2} v_s = \frac{2}{3} v_s$$

$$v_2 = \frac{C_1}{C_1 + C_2} v_s = \frac{1}{3} v_s$$

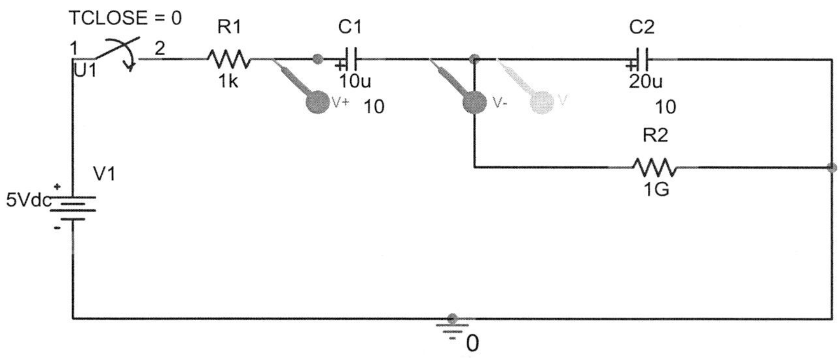

▌그림 10-2 콘덴서 직렬 접속 회로(직류)

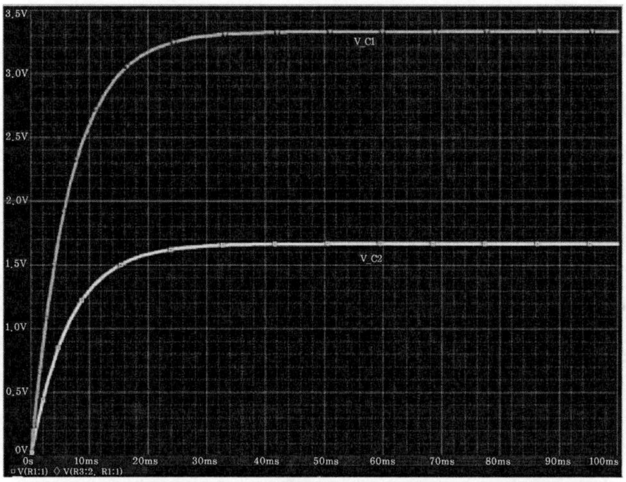

▌그림 10-3 콘덴서 직렬 접속 시뮬레이션 결과(직류)

예제 2

다음 콘덴서 직렬 접속 회로에서 교류 전압인가시 각각의 콘덴서에 충전되는 전압을 각각 구하라.

$$v_1 = \frac{C_2}{C_1 + C_2} v_s = \frac{2}{3} v_s$$

$$v_2 = \frac{C_1}{C_1 + C_2} v_s = \frac{1}{3} v_s$$

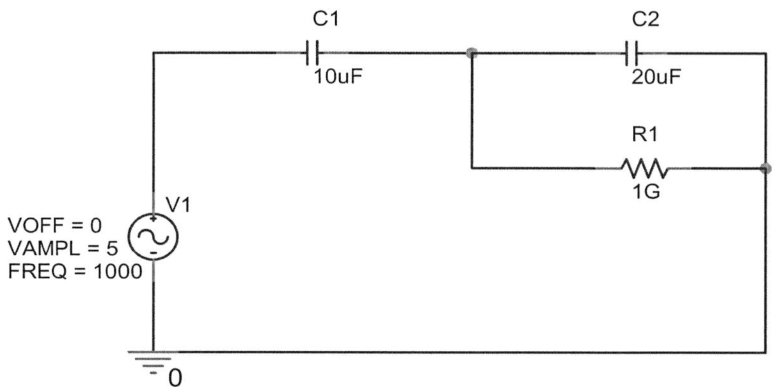

▌그림 10-4 콘덴서 직렬 접속 회로(교류)

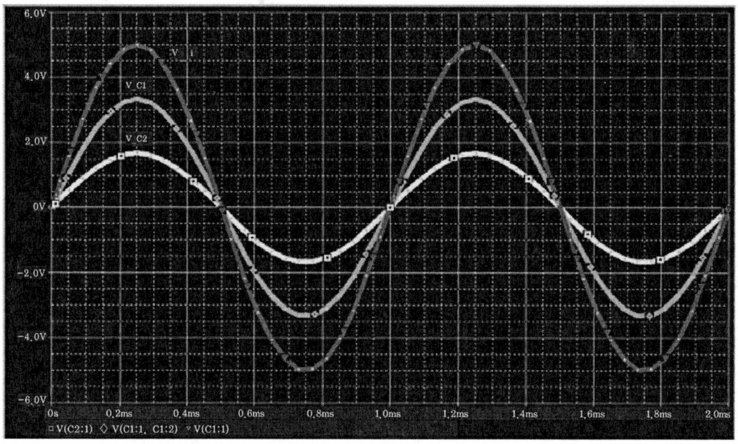

▌그림 10-5 콘덴서 직렬 접속 시뮬레이션 결과(교류)

(2) 병렬 접속

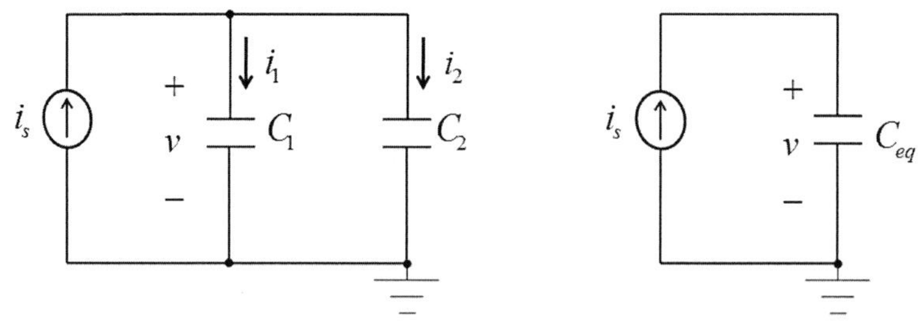

(a) 콘덴서의 병렬 회로

(b) 등가 회로

▌그림 10-6 콘덴서의 병렬 접속

그림 10-6(a)에 키르히호프 전류법칙(KCL)을 적용하면,

$$i_s = i_1 + i_2 = (C_1 + C_2)\frac{dv}{dt} \tag{10-6}$$

$$i_s = C_{eq}\frac{dv}{dt} \tag{10-7}$$

따라서

$$C_{eq} = C_1 + C_2 \tag{10-8}$$

이로부터 등가 회로를 그리면 그림 10-6(b)가 된다. 만약, N개의 콘덴서가 병렬로 접속되면, 등가 커패시턴스는

$$C_{eq} = \sum_{n=1}^{N} C_n$$

한편, 식 (10-6)-(10-8)로부터, 다음과 같은 전류 분배 관계식을 얻게 된다:

$$i_1 = C_1\frac{dv}{dt} = C_1\frac{i_s}{C_{eq}} = \frac{C_1}{C_1 + C_2}i_s \tag{10-9}$$

$$i_2 = C_2\frac{dv}{dt} = C_2\frac{i_s}{C_{eq}} = \frac{C_2}{C_1 + C_2}i_s \tag{10-10}$$

예제 3

다음 콘덴서 병렬 접속 회로에서 직류전압 인가시 각각의 콘덴서에 흐르는 전류 및 충전전압을 각각 구하라.

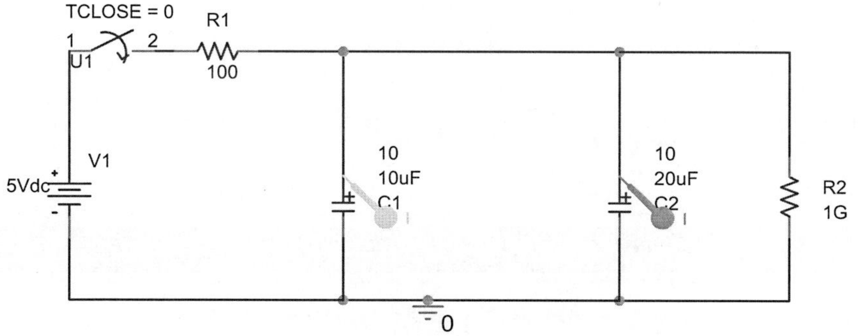

그림 10-7 콘덴서 직렬 접속 회로(직류)

$$i_{C1}(\infty) = 0A, \quad V_{C1}(\infty) = 5V$$

$$i_{C2}(\infty) = 0A, \quad V_{C2}(\infty) = 5V$$

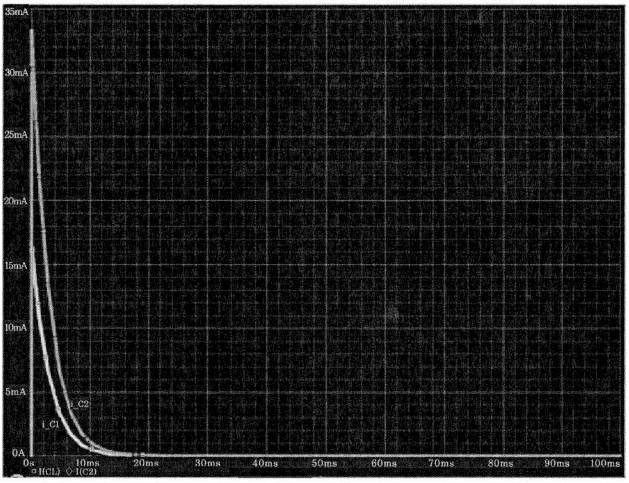

(a)

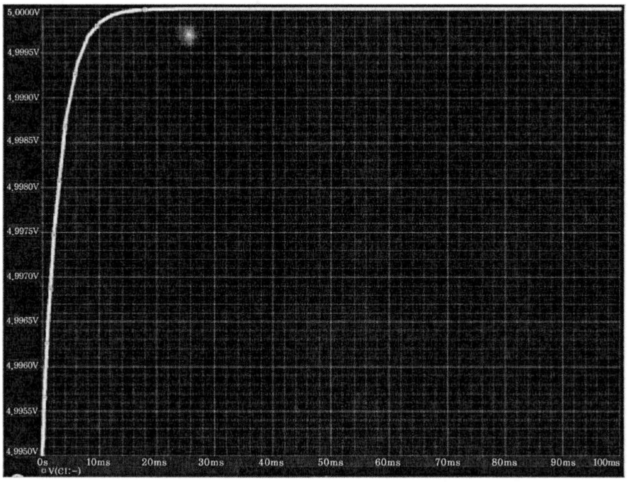

(b)

▌그림 10-8 콘덴서 직렬 접속 시뮬레이션 결과(직류)

예제 4

다음 콘덴서 병렬 접속 회로에서 각각의 콘덴서에 흐르는 전류를 각각 구하라.

$$i_{C1} = \frac{C_1}{C_1 + C_2} i_s = \frac{1}{3} i_s,$$

$$i_{C2} = \frac{C_2}{C_1 + C_2} i_s = \frac{2}{3} i_s$$

공학도를 위한 기초 회로 실험

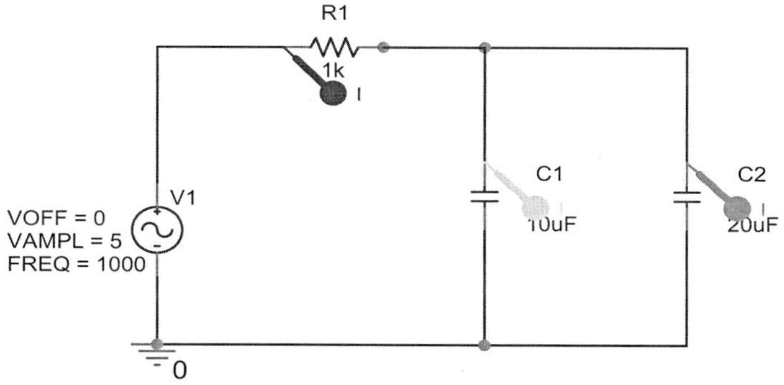

▌그림 10-9 콘덴서 병렬 접속 회로

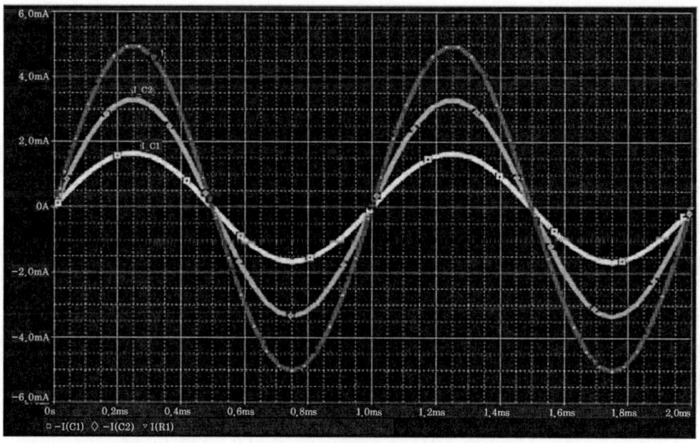

▌그림 10-10 콘덴서 병렬 접속 시뮬레이션 결과

콘덴서 병렬 접속회로에 대한 시뮬레이션 결과로부터 전류 분배 관계식이 성립함을 확인 할 수 있다.

3 실험 기기 및 부품

(1) 저항 : 100Ω, $1k\Omega$ 각 1개

(2) 전해 콘덴서 : $10\mu F$(10V), $20\mu F$(10V) 각 1개

(3) 정현파 교류신호 발생기 1대

(4) 직류 전원 공급기 1대

(5) 디지털 멀티미터 1대

(6) 오실로스코우프 1대

4 실험절차

(1) 그림 10-11의 회로를 구성하라. 입력신호는 5[V] 직류전압을 인가하라.

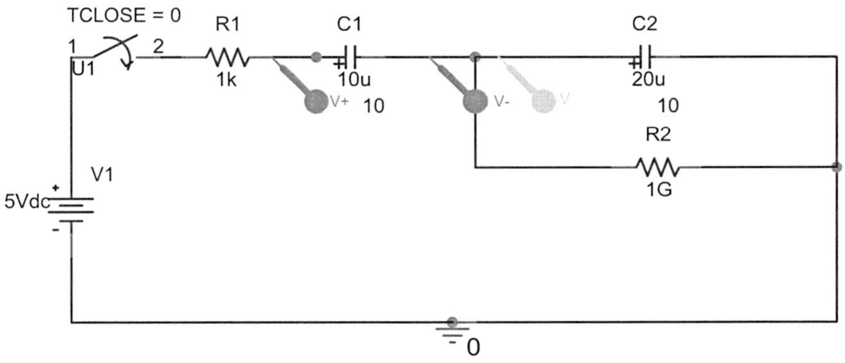

▌그림 10-11

(2) 그림 10-11 회로에서 각각의 콘덴서에 충전되는 전압 및 전류를 각각 측정하고 표 10-1에 기록하라.

▌표 10-1

	$V_{C1}(\infty)$	$I_{C1}(\infty)$	$V_{C2}(\infty)$	$I_{C2}(\infty)$
계산값				
측정값				

(3) 그림 10-12의 회로를 구성하라. 입력신호는 1kHz, 첨두치가 10[V]인 정현파 $v_i(t) = 5\sin(2\pi 1000t)[V]$를 인가하라.

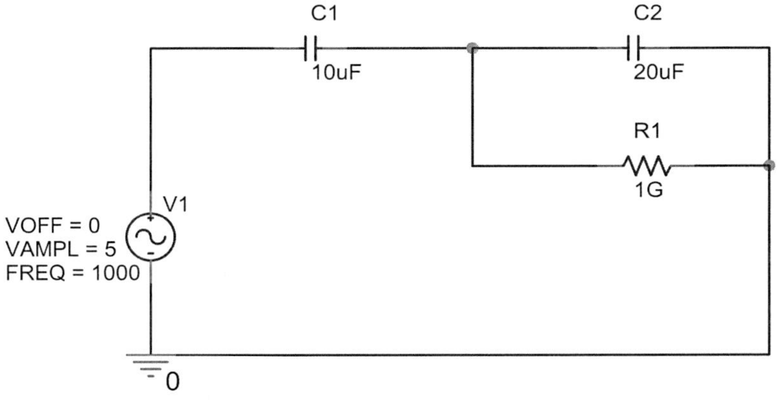

▌그림 10-12

(4) 각각의 콘덴서에 충전되는 전압을 각각 측정하라. 입력 전압 $v_i(t)$ 및 컨덴서 전압 $v_{C1}(t)$ 및 $v_{C2}(t)$의 파형을 그림 10-13에 각각 그려라. 계산 결과와 측정결과를 비교하라.

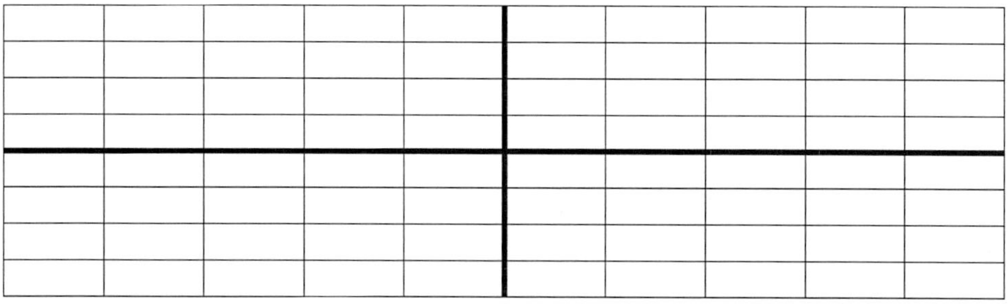

▎그림 10-13 입력 전압 $v_i(t)$, 컨덴서 전압 $v_{C1}(t)$ 및 $v_{C2}(t)$의 파형

(5) 그림 10-14 회로에서 직류전압 인가시 각각의 콘덴서에 흐르는 전류 및 충전 전압을 각각 측정하고 표 10-2에 기록하라.

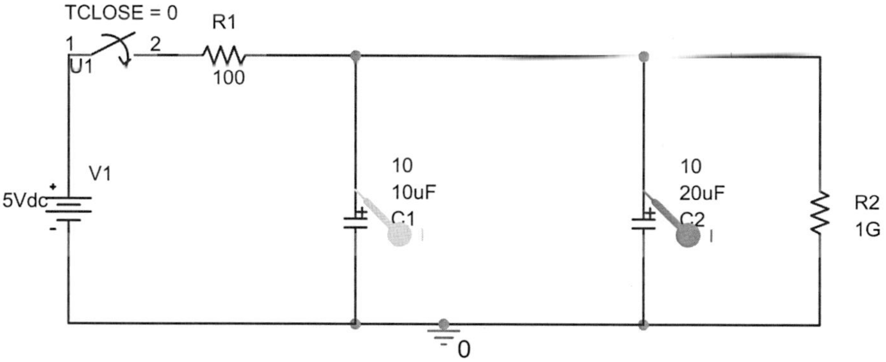

▎그림 10-14

▎표 10-2

	$V_{C1}(\infty)$	$I_{C1}(\infty)$	$V_{C2}(\infty)$	$I_{C2}(\infty)$
계산값				
측정값				

(6) 그림 10-15의 회로를 구성하라. 입력신호는 1kHz, 첨두치가 10[V]인 정현파 $v_i(t) = 5\sin(2\pi 1000t)[V]$를 인가하라.

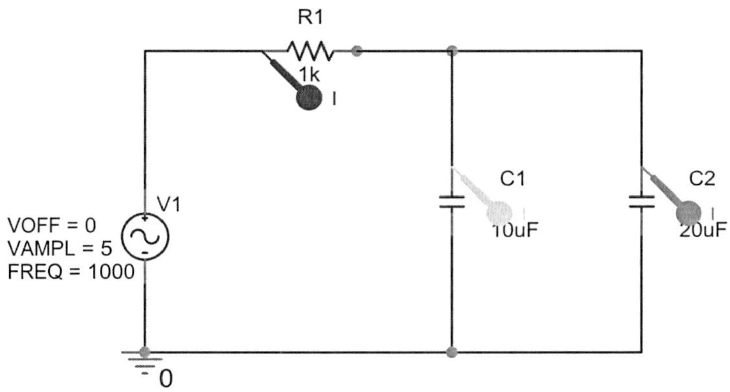

▌그림 10-15

(7) 각각의 콘덴서에 흐르는 전류를 각각 측정하라. 입력 전압 $v_i(t)$ 및 컨덴서 전류 $i_{C1}(t)$ 및 $i_{C2}(t)$의 파형을 그림 10-16에 각각 그려라. 계산 결과와 측정 결과를 비교하라.

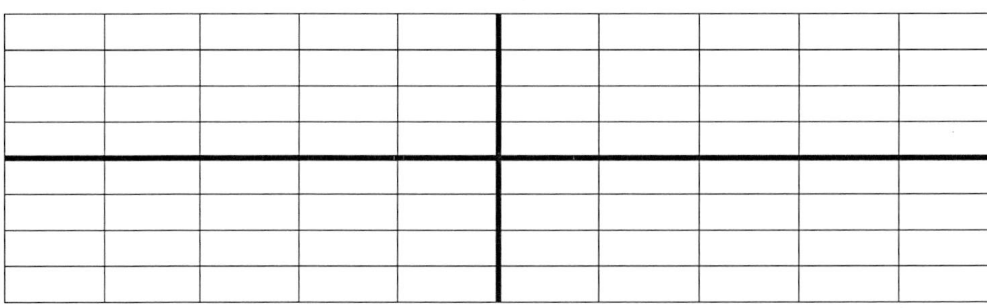

▌그림 10-16 입력 전압 $v_i(t)$, 컨덴서 전류 $i_{C1}(t)$ 및 $i_{C2}(t)$의 파형

실험 11 인덕터의 직렬 및 병렬 접속 실험

1 실험 목적

(1) 인덕터의 직렬 및 병렬 접속 개념 및 방법을 이해한다.

(2) 인덕터에 대한 전압 및 전류 분배 법칙(division law)을 이해한다.

2 기본 이론

(1) 직렬 접속

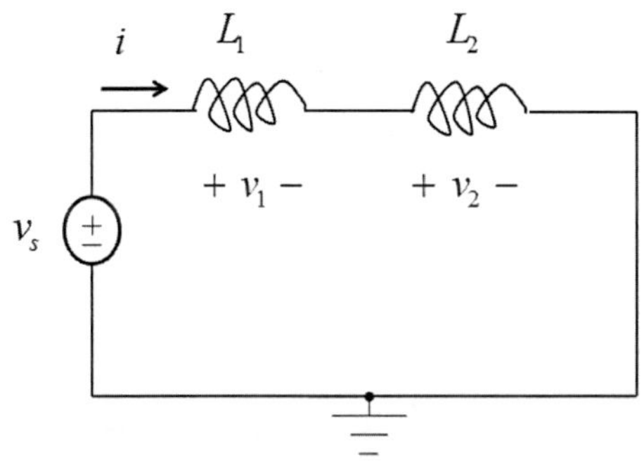

(a) 인덕터의 직렬 회로

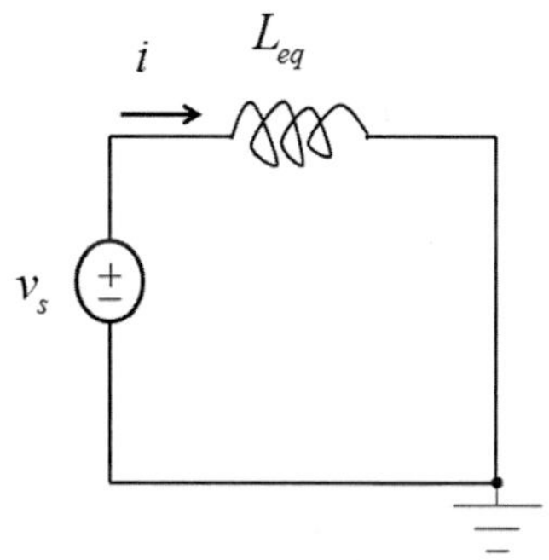

(b) 등가 회로

▌그림 11-1 인덕터의 직렬 접속

그림 11-1(a)에 키르히호프 전압법칙(KVL)을 적용하면,

$$v_s = v_1 + v_2$$

로 부터

$$v_s = (L_1 + L_2)\frac{di}{dt} \tag{11-1}$$

$$v_s = L_{eq}\frac{dv}{dt} \tag{11-2}$$

따라서

$$L_{eq} = L_1 + L_2 \tag{11-3}$$

이로부터 등가 회로를 그리면 그림 11-1(b)가 된다. 만약, N개의 인덕터가 직렬로 접속되면, 등가 인덕턴스는

$$L_{eq} = \sum_{n=1}^{N} L_n$$

한편, 식 (11-1)-(11-3) 으로부터, 다음과 같은 전압 분배 관계식을 얻게 된다:

$$v_1 = L_1\frac{di}{dt} = L_1\frac{v_s}{L_{eq}} = \frac{L_1}{L_1+L_2}v_s \tag{11-4}$$

$$v_2 = L_2\frac{di}{dt} = L_2\frac{v_s}{L_{eq}} = \frac{L_2}{L_1+L_2}v_s \tag{11-5}$$

예제 1

다음 코일 직렬 접속 회로에서 L_2의 유도 전압을 전압 분배 공식으로 구하라.

$$v_1 = \frac{L_1}{L_1+L_2}v = \frac{1}{3}v$$

$$v_2 = \frac{L_2}{L_1+L_2}v = \frac{2}{3}v$$

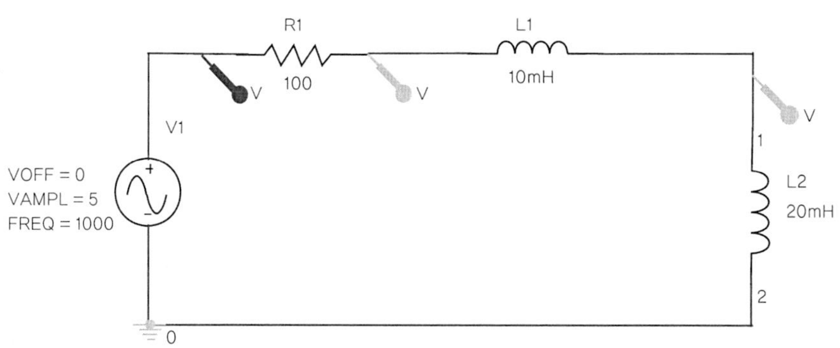

▍그림 11-2 코일 직렬 접속 회로

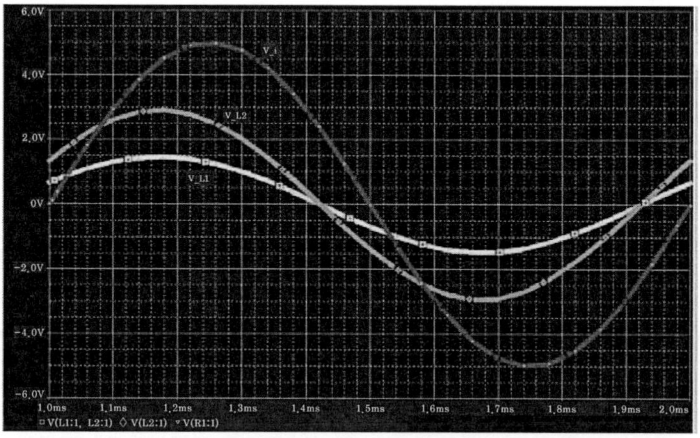

▌그림 11-3 코일 직렬 접속 회로 시뮬레이션 결과

코일 직렬 접속회로에 대한 시뮬레이션 결과로부터 전압 분배 관계식이 성립함을 확인 할 수 있다.

(2) 병렬 접속

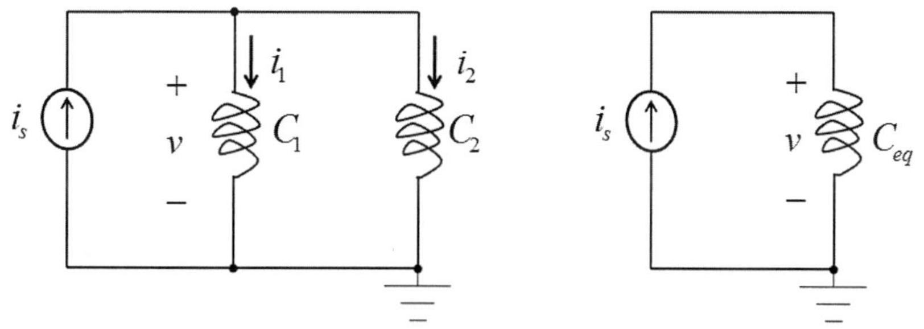

(a) 인덕터의 병렬 회로　　　　(b) 등가 회로

▌그림 11-4 인덕터의 병렬 접속

$$i_s = i_1 + i_2$$

로 부터

$$i_s = \frac{1}{L_1}\int_{t_0}^{t} vdt + i_1(t_0) + \frac{1}{L_2}\int_{t_0}^{t} idt + i_2(t_0) \tag{11-6}$$

$$i_s = \frac{1}{L_{eq}}\int_{t_0}^{t} idt + i_s(t_0) \tag{11-7}$$

따라서

$$L_{eq} = \frac{1}{\frac{1}{L_1} + \frac{1}{L_2}} \tag{11-8}$$

이며,

$$i_s(t_0) = i_1(t_0) + i_2(t_0)$$

이로부터 등가 회로를 그리면 그림 11-4(b)가 된다. 만약, N개의 인덕터가 병렬로 접속되면, 등가 인덕턴스는

$$L_{eq} = \frac{1}{\sum_{n=1}^{N}\left(\frac{1}{L_n}\right)}$$

한편, 식 (11-6)-(11-8)로 부터 초기값을 0으로 가정하면,

$$i_s = \frac{L_1 i_1}{L_{eq}} = L_1\left(\frac{1}{L_1} + \frac{1}{L_2}\right)i_1 = \frac{L_1 + L_2}{L_2}i_1$$

$$i_s = \frac{L_2 i_2}{L_{eq}} = L_2\left(\frac{1}{L_1} + \frac{1}{L_2}\right)i_2 = \frac{L_1 + L_2}{L_1}i_2$$

로부터 다음과 같은 전류 분배 관계식을 얻게 된다:

$$i_1 = \frac{L_2}{L_1 + L_2}i_s \tag{11-9}$$

$$i_2 = \frac{L_1}{L_1 + L_2}i_s \tag{11-10}$$

예제 2

다음 코일 병렬 접속 회로에서 L_1 및 L_2의 유도 전류를 전류 분배 공식으로 구하라.

$$i_1 = \frac{L_2}{L_1 + L_2}i = \frac{2}{3}i$$

$$i_2 = \frac{L_1}{L_1 + L_2}i = \frac{1}{3}i$$

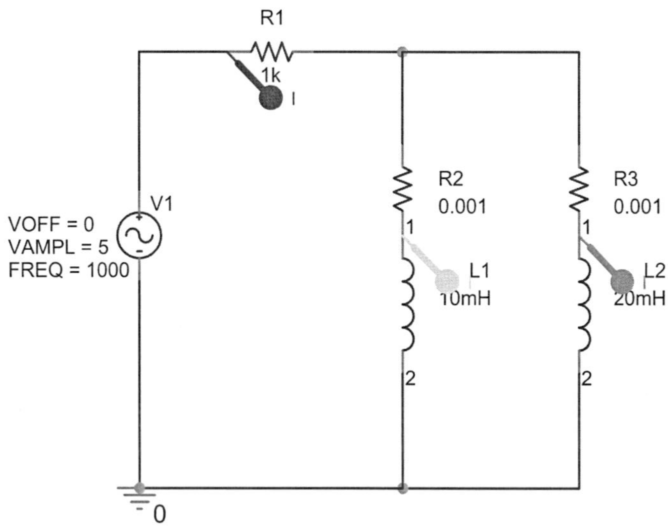

▌그림 11-5 코일 병렬 접속 회로

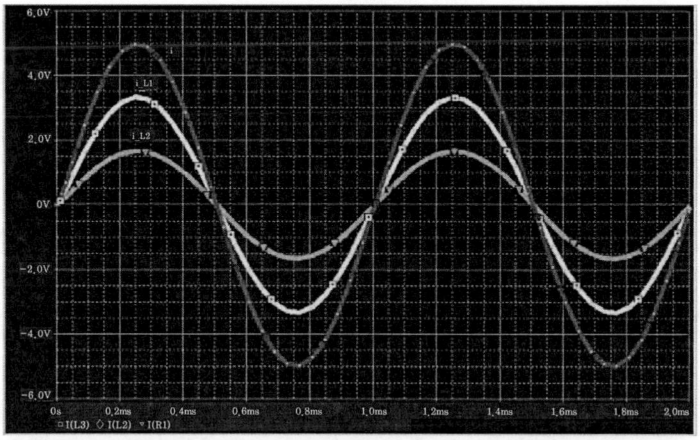

▌그림 11-6 코일 병렬 접속 회로 시뮬레이션 결과

코일 병렬 접속 회로에 대한 시뮬레이션 결과로부터 전류 분배 관계식이 성립함을 확인 할 수 있다.

3 실험 기기 및 부품

(1) 저항 : $R = 1k\Omega$, $R = 100\Omega$ 각 1개

(2) 코일 : $L = 10mH$, $20mH$ 각 1개

(3) 정현파 교류 함수 발생기

(4) 오실로스코우프 1대

4 실험절차

(1) 그림 1-7의 회로를 구성하라. 입력신호는 10kHz, 첨두치가 10[V]인 정현파 $v_i(t) = 5\sin(2\pi 1000t)[V]$를 인가하라.

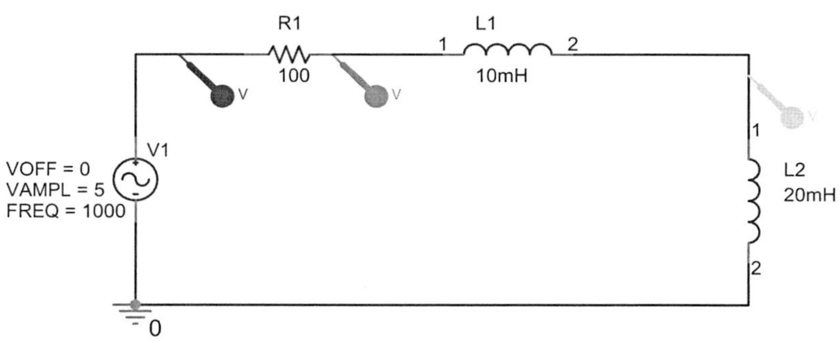

▌그림 11-7

(2) 각각의 코일에 충전되는 전압를 각각 측정하라. 입력 전압 $v_i(t)$, 코일전압 $v_{L1}(t)$ 및 $v_{L2}(t)$의 파형을 그림 11-8에 각각 그려라.

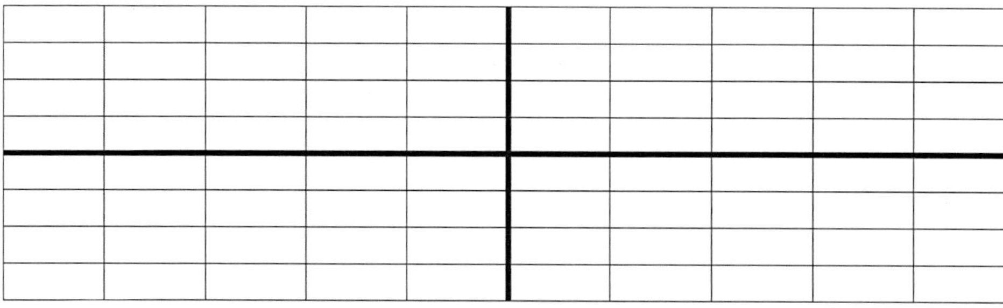

▍그림 11-8 입력 전압 $v_i(t)$, 코일 전압 $v_{L1}(t)$ 및 $v_{L2}(t)$의 파형

(3) 그림 11-9의 회로를 구성하라. 입력신호는 1kHz, 첨두치가 10[V]인 정현파 $v_i(t) = 5\sin(2\pi 1000t)[V]$를 인가하라.

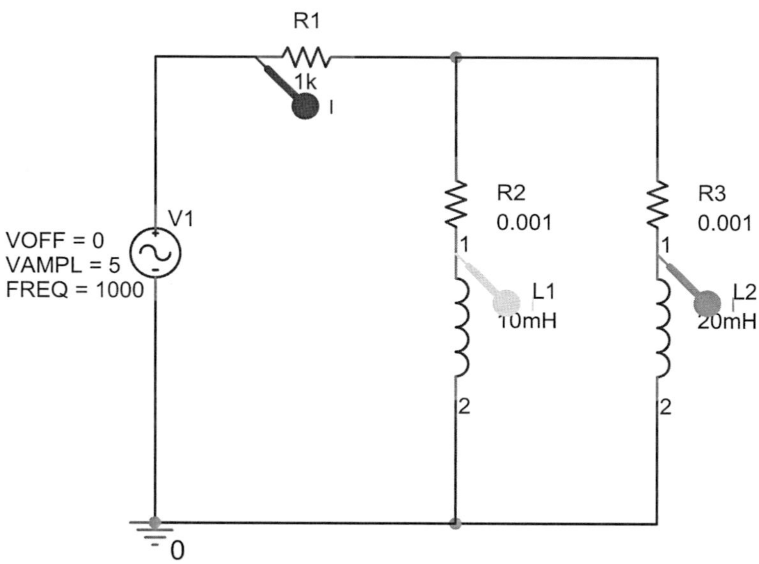

▍그림 11-9

(4) 각각의 코일에 흐르는 전류를 각각 측정하라. 입력 전압 $v_i(t)$ 및 코일 전류 $i_{L1}(t)$ 및 $i_{L2}(t)$의 파형을 그림 11-10에 각각 그려라. 계산 결과와 측정 결과를 비교하라.

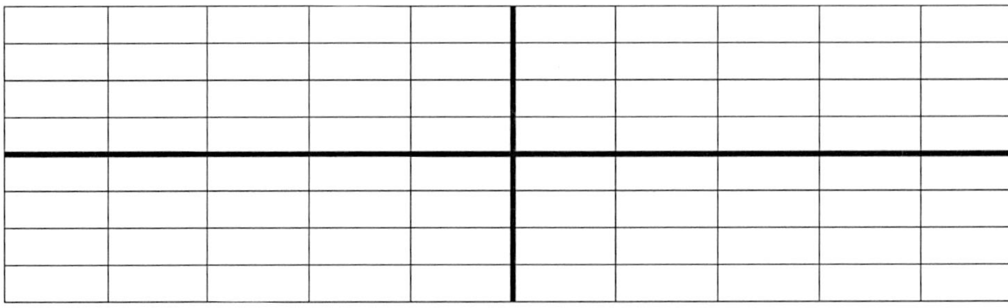

▌그림 11-10 입력 전압 $v_i(t)$, 코일 전류 $i_{L1}(t)$ 및 $i_{L2}(t)$의 파형

공학도를 위한 기초 회로 실험

실험 12 과도 응답 실험

1 개요

(1) R–C 회로에서 $t=0$에서 스위치 ON/OFF 에 따른 과도응답 특성을 이해한다.

(2) 시정수 $\tau = RC$를 이해한다.

(3) R–L 회로에서 $t=0$에서 스위치 ON/OFF 에 따른 과도응답 특성을 이해한다.

(4) 시정수 $\tau = \dfrac{L}{R}$를 이해한다.

2 R–C 회로

예제 1

콘덴서의 초기 전압을 0[V]으로 가정하면, $t=0$에서 스위치를 닫은 후 콘덴서의 충전 전압을 구하라.

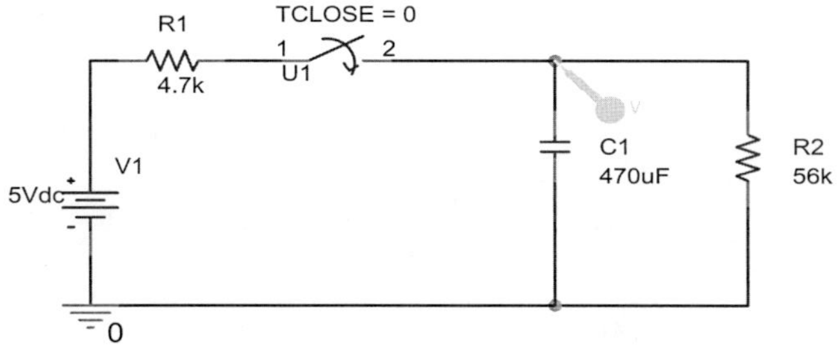

▌그림 12–1 R–C 회로 1

$$v_c(t) = v_c(\infty) + Ae^{-t/\tau},\quad \tau = \left(\frac{4.7\times 56}{4.7+56}\times 10^3\right)(470\times 10^{-6}) \simeq 2.038\,s$$

$$v_c(\infty) = \frac{56}{4.7+56}\times 5 \simeq 4.612\ V$$

$$v_c(0) = 4.612 + A = 0 \qquad \therefore A = -4.612$$

$$\therefore v_c(t) = 4.612(1-e^{-t/\tau})\ [\mathrm{V}]$$

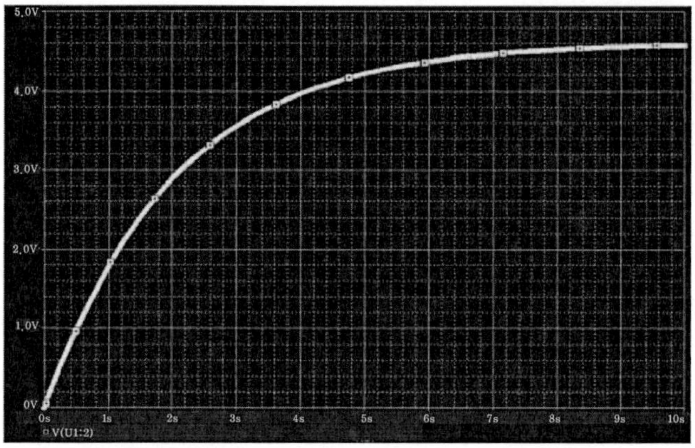

▌그림 12-2

예제 2

$t=0$에서 스위치를 닫은 후 콘덴서의 충전 전압을 구하라.

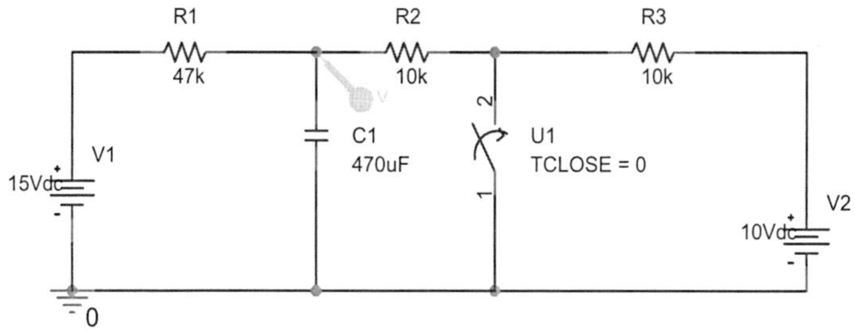

▌그림 12-3 R-C 회로 2

$$v_c(0-)=v_c(0+)=15-(47k)(\frac{15-10}{47k+10k+10k})\simeq 11.49\ V$$

$$v_c(t)=v_c(\infty)+Ae^{-t/\tau},\ \ \tau=\left(\frac{47\times 10}{47+10}\times 10^3\right)(470\times 10^{-6})\simeq 3.875\,s$$

$$v_c(\infty)=\frac{10}{47+10}\times 15\simeq 2.632\ V$$

$$v_c(0)=2.632+A=11.49 \qquad \therefore A=8.858$$

$$\therefore v_c(t)=2.632+8.858e^{-t/3.875}\quad [\mathrm{V}]$$

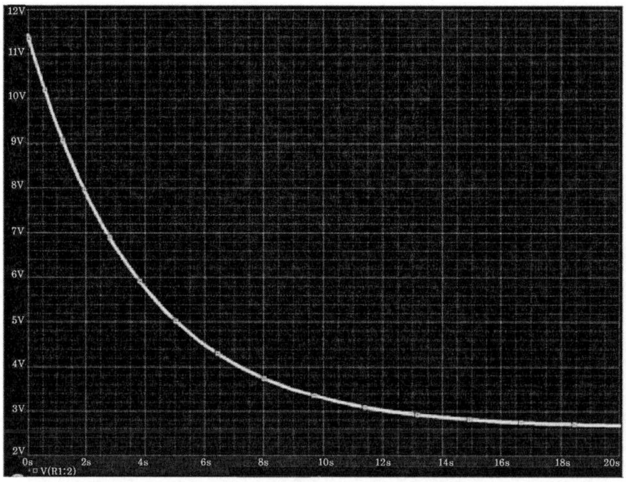

▌그림 12-4 시뮬레이션 결과

3 R-L 회로

예제 3

$t=0$에서 스위치를 닫은 후 코일에 흐르는 전류 및 저항 R_3에 걸리는 전압을 구하라.

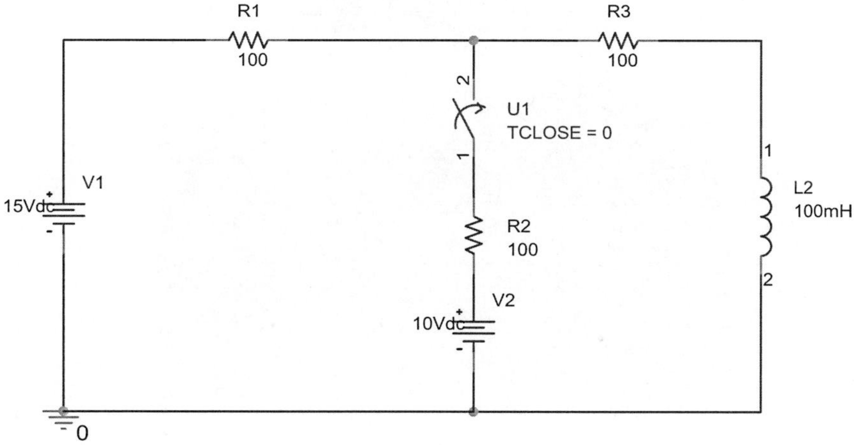

▌그림 12-5 R-L 회로 1

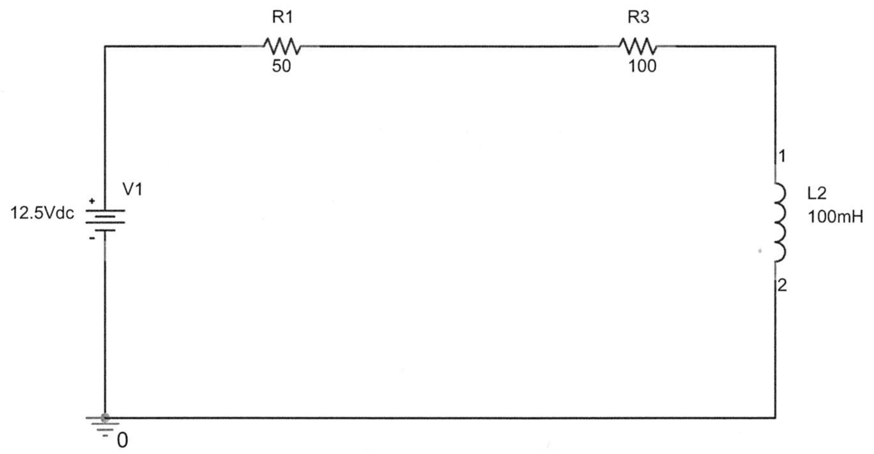

▌그림 12-6 $t > 0$에 대한 등가 회로

$$i_L(0-) = i_L(0+) = \frac{15}{100+100} = 75mA$$

$$i_L(t) = i_L(\infty) + Ae^{-t/\tau},\ \ \tau = \frac{100 \times 10^{-3}}{50+100} \simeq 0.67ms$$

$$i_L(\infty) = \frac{12.5}{50+100} \simeq 83.33mA$$

$$i_L(0) = 83.33 + A = 75 \qquad \therefore A = -8.33 \times 10^{-3}$$

$$\therefore i_L(t) = 83.33 - 8.33e^{-t/0.67 \times 10^{-3}}\,mA$$

$$\therefore v_{R3}(t) = 8.33 - 0.833e^{-t/0.67 \times 10^{-3}}\ V$$

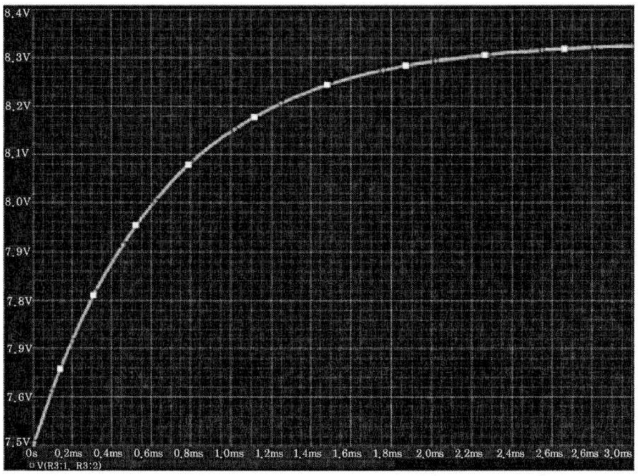

▌그림 12-7 시뮬레이션 결과

4 실험 기기 및 부품

(1) 저항 : $R=100\Omega$ 3개, $4.7k\Omega, 47k\Omega$ $56k\Omega$ 각 1개, $10k\Omega$ 2개

(2) 코일 : $C=470\mu F$, $L=100mH$ 각 1개

(2) 디지털 멀티미터(DMM) 1대

(3) 직류 전원 공급기 1대

5 실험절차

(1) 그림 12-8의 회로를 구성하라. $t=0$에서 스위치를 닫은 후 시간 변화에 따라 콘덴서에 충전되는 전압을 측정하여 표 12-1에 기록하고 그림 12-9에 그래프로 나타내라.

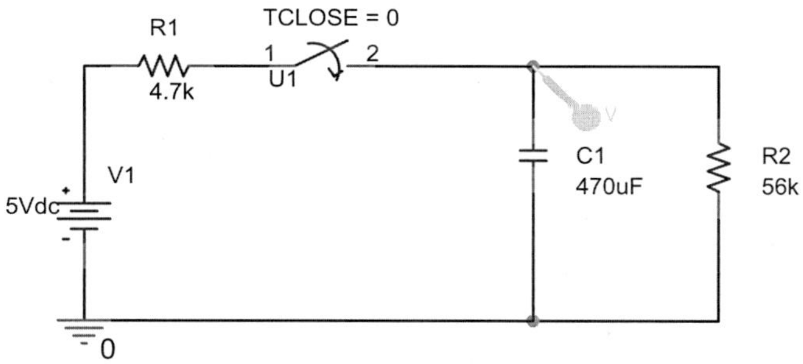

▌그림 12-8

▌표 12-1

	$t=2[s]$	$t=4[s]$	$t=6[s]$	$t=8[s]$	$t=10[s]$
$v_0(t)$					

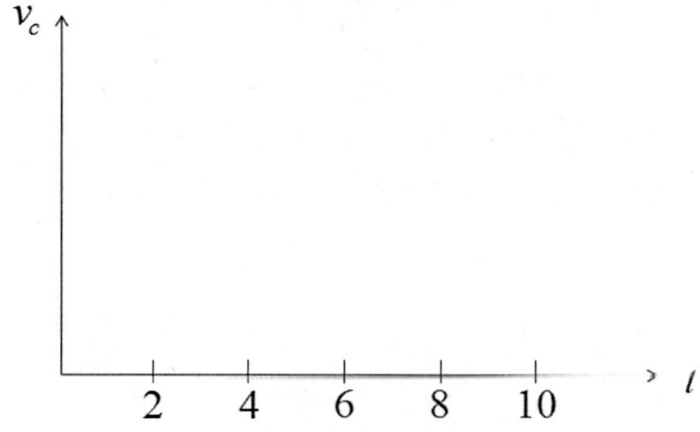

▌그림 12-9 그래프

(2) 그림 12-10의 회로를 구성하라. $t=0$에서 스위치를 닫은 후 시간 변화에 따라 콘덴서에 충전되는 전압을 측정하여 표 12-2에 기록하고 그림 12-11에 그래프로 나타내라.

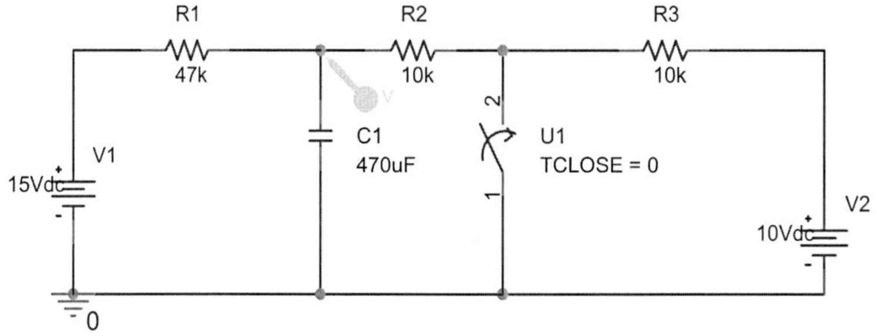

▌그림 12-10

▌표 12-2

	$t=2[s]$	$t=4[s]$	$t=6[s]$	$t=8[s]$	$t=10[s]$
$v_0(t)$					

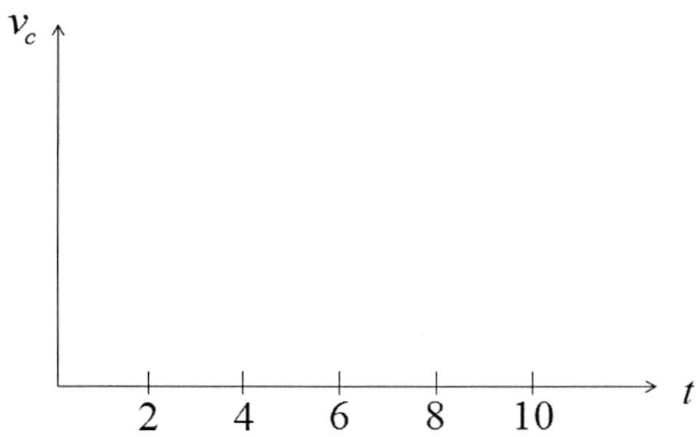

▌그림 12-11

(3) 그림 12-12의 회로를 구성하라. $t=0$에서 스위치를 닫은 후 시간 변화에 따라 저항R_3에 걸리는 전압을 측정하라. 표 10-3에 기록하라. 시간이 너무 빨라 육안으로 식별하기가 어려울 것임. 최종치(final value)만 확인하기 바란다.

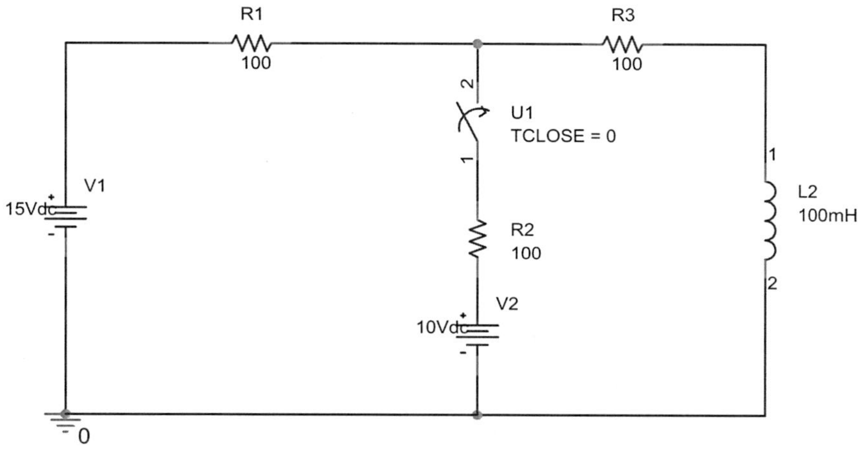

▌그림 12-12

실험 13 R-C 회로의 교류 특성

1 개요

(1) R-C 회로 교류 특성 : 정현파 신호 인가시 입출력 전압 및 전류의 진폭 및 위상 특성의 이해

(2) 페이저(phasor)의 이해

(3) 임피던스 및 리액턴스의 이해

2 관련 이론

(1) 페이저(phasor) 이론

정현파 전압 $e = 3\cos(\omega t + \pi/3)$는

$$e = Re\left[3e^{j\left(\omega t + \frac{\pi}{3}\right)}\right] \quad (13-1)$$

와 동일하다. 이때, Rm은 실수부(imaginary part)를 의미한다. 또한, 정현파 전압 $e = 3\sin(\omega t + \pi/3)$는

$$e = Im\left[3e^{j\left(\omega t + \frac{\pi}{3}\right)}\right] \quad (13-2)$$

와 동일하다. 이때, Im은 허수부(imaginary part)를 의미한다.

식 (10-1)을

$$e = Im\left[\dot{E}e^{j\omega t}\right]$$

로 두면,

$$\boldsymbol{E} = 3e^{j\frac{\pi}{3}}$$

가 된다.

$\boldsymbol{E}=3e^{j\frac{\pi}{3}}$ 를 $\boldsymbol{E}=3\angle\pi/3$로 표시하고, 이를 페이저(phasor)이라고 부른다. 즉,

$$\boldsymbol{E}=3e^{j\frac{\pi}{3}}=3\angle\pi/3$$

미분 방정식의 해를 구하는 데 페이저를 적용하여 보도록 하자. 1차 미분방정식

$$L\frac{di}{dt}+Ri=V_m\cos(\omega t+\theta)$$

의 해를 구하려면 오일러 공식

$$e^{j(\omega t+\theta)}=\cos(\omega t+\theta)+j\sin(\omega t+\theta)$$

으로부터 다음 관계식이 성립한다:

$$Re\{e^{j(\omega t+\theta)}\}=\cos(\omega t+\theta)$$

$$Im\{e^{j(\omega t+\theta)}\}=\sin(\omega t+\theta)$$

따라서

$$i=I_m\cos(\omega t+\phi)$$

임을 가정 할 수 있고, 이 식을 미분방정식에 대입하여 나타내면,

$$Re\{j\omega LI_m e^{j(\omega t+\phi)}\}+Re\{RI_m e^{j(\omega t+\phi)}\}=Re\{V_m e^{j(\omega t+\theta)}\}$$

따라서 지수 함수 방정식

$$j\omega LI_m e^{j(\omega t+\phi)}+RI_m e^{j(\omega t+\phi)}=V_m e^{j(\omega t+\theta)}$$

가 성립하여야 한다. $e^{j\omega t}$ 가 공통이므로 제거하면

$$j\omega LI_m e^{j\phi}+RI_m e^{j\phi}=V_m e^{j\theta}$$

$$I_m e^{j\phi}=\frac{V_m e^{j\theta}}{R+j\omega L}=\frac{V_m}{\sqrt{R^2+(\omega L)^2}}\frac{e^{j\theta}}{e^{j\angle\tan^{-1}\left(\frac{\omega L}{R}\right)}}$$

$$I_m=\frac{V_m}{\sqrt{R^2+(\omega L)^2}},\quad \phi=\theta-\tan^{-1}\left(\frac{\omega L}{R}\right)$$

가 된다. 따라서 전류 $i=I_m\cos(\omega t+\phi)$는

$$i=\frac{V_m}{\sqrt{R^2+(\omega L)^2}}cos\left(\omega t+\theta-\tan^{-1}\left(\frac{\omega L}{R}\right)\right)$$

가 된다.

예제 1

$i_1 = 10\cos(\omega t + 30^\circ)$, $i_1 = 20\cos(\omega t + 45^\circ)$ 일 때, $i_1 + i_2$를 구하여 보자.
삼각함수 곱셈과 덧셈 공식을 적용하여 풀면,

$$i_1 = 10\cos(\omega t + 30^\circ) = 10\cos\omega t\cos 30^\circ - 10\sin\omega t\sin 30^\circ$$

$$i_2 = 20\cos(\omega t + 45^\circ) = 20\cos\omega t\cos 45^\circ - 20\sin\omega t\sin 45^\circ$$

$$\begin{aligned} i_1 + i_2 &= 10\cos\omega t\cos 30^\circ - 10\sin\omega t\sin 30^\circ + 20\cos\omega t\cos 45^\circ - 20\sin\omega t\sin 45^\circ \\ &= 22.8\cos\omega t - 19.14\sin\omega t = 29.77\cos(\omega t + 40^\circ) \end{aligned}$$

페이저로 풀면,

$$\boldsymbol{I_1} = 10\angle 30^\circ,\ \boldsymbol{I_2} = 20\angle 45^\circ$$

$$\begin{aligned} \boldsymbol{I_1} + \boldsymbol{I_2} &= 10\angle 30^\circ + 20\angle 45^\circ = 10\left(\frac{\sqrt{3}}{2} + j\frac{1}{2}\right) + 20\left(\frac{1}{\sqrt{2}} + j\frac{1}{\sqrt{2}}\right) \\ &= 5\sqrt{3} + 10\sqrt{2} + j(5 + 10\sqrt{2}) = 29.77\angle 40^\circ \end{aligned}$$

$$\therefore i_1 + i_2 = 29.77\cos(\omega t + 40^\circ)$$

삼각함수 곱셈과 덧셈 공식은 다소 복잡하고 계산과정이 오류가 나올 수 있는 여지가 충분하다. 그러나 상대적으로 페이저를 이용한 방법은 비교적 풀이과정이 간단하다는 사실을 확인할 수 있다.

(2) 임피던스(impedance), 어드미턴스(admittance) 및 역율(power factor)의 정의

임피던스는 페이저 전압 $\boldsymbol{V}$과 페이저 전류 $\boldsymbol{I}$의 비로 정의하며, $\boldsymbol{Z}$로 나타낸다.

$$\boldsymbol{Z} = \frac{\boldsymbol{V}}{\boldsymbol{I}} = \frac{V\angle\theta_v}{I\angle\theta_i} = Z\angle(\theta_v - \theta_i) = R + jX\ [\Omega]$$

이때, R은 저항(resistance)이라 하고, X는 리액턴스(reactance)라고 부른다.
$\boldsymbol{Z}$를 복소수 평면에서 도시하면, 다음 그림 13-1과 같고,

$$\cos\theta = \frac{R}{Z} = \frac{R}{\sqrt{R^2 + X^2}}$$

를 부하의 역율이라 정의한다. 임피던스의 크기 Z 및 저항과 리액턴스의 상호관계식은 다음과 같다 :

$$Z = \sqrt{R^2 + X^2}$$

$$\tan\theta = \frac{X}{R},\ \theta = \tan^{-1}\left(\frac{X}{R}\right)$$

공학도를 위한 기초 회로 실험

$$R = Z\cos\theta$$
$$X = Z\sin\theta$$

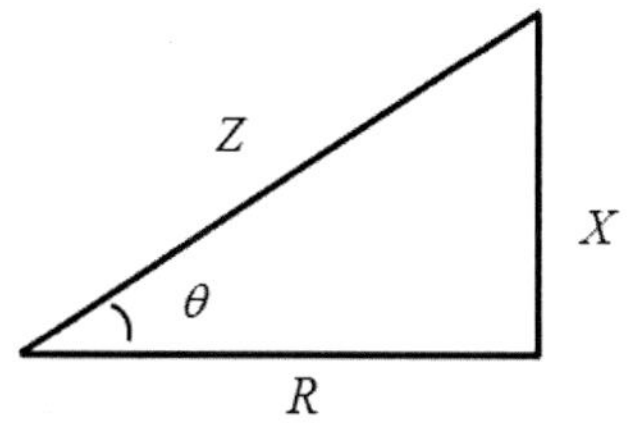

▌그림 13-1 임피던스 $\boldsymbol{Z} = R + jX$

1) 직렬 임피던스들의 결합

직렬로 연결된 임피던스들의 결합은 저항의 직렬 연결과 같이 키르히호프의 전압 법칙(KVL)이 성립한다. 따라서 키르히호프의 전압 법칙(KVL)으로부터

$$\boldsymbol{V_{AB}} = Z_{AB}I = Z_1I + Z_2I + Z_3I$$

가 된다. 여기서, 단자 A, B사이의 등가 임피던스는

$$Z_{AB} = Z_1 + Z_2 + Z_3$$

가 된다.

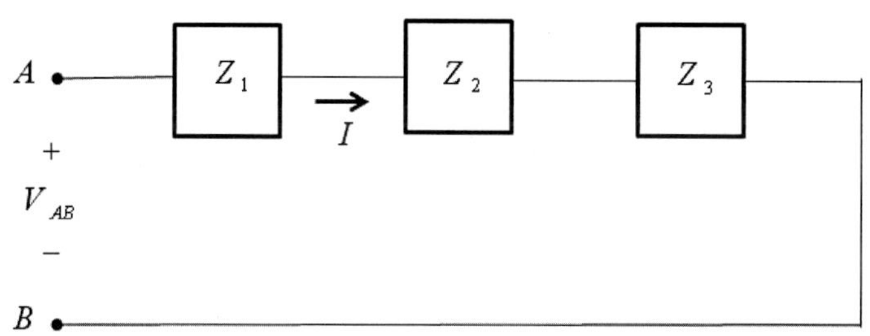

▌그림 13-2 직렬 임피던스들의 결합

2) 병렬 임피던스들의 결합

병렬로 연결된 임피던스들의 결합은 저항의 병렬 연결과 같이 키르히호프의 전류 법칙(KCL)이 성립된다. 따라서 키르히호프의 전류 법칙(KCL)으로부터

$$\boldsymbol{I} = \boldsymbol{I_1} + \boldsymbol{I_2} + \boldsymbol{I_3}$$

가 된다. 즉,

$$\frac{\boldsymbol{V_{AB}}}{Z_{AB}} = \frac{\boldsymbol{V_{AB}}}{\boldsymbol{Z_1}} + \frac{\boldsymbol{V_{AB}}}{Z_2} + \frac{\boldsymbol{V_{AB}}}{Z_3}$$

따라서 단자 A, B사이의 등가 임피던스는

$$\frac{1}{Z_{AB}} = \frac{1}{Z_1} + \frac{1}{Z_2} + \frac{1}{Z_3}$$

가 된다. 한편, 어드미턴스(admittance)는 임피던스의 역수로 정의하며, $\boldsymbol{Y}$로 나타낸다.

$$\boldsymbol{Y} = \frac{1}{Z} = G + jB \ [S]$$

이때, G는 컨덕턴스(conductance)라 하고, B는 서셉턴스(susceptance)라고 부른다. 따라서 단자 A, B사이의 등가 어드미턴스는 다음과 같다:

$$Y_{AB} = Y_1 + Y_2 + Y_3$$

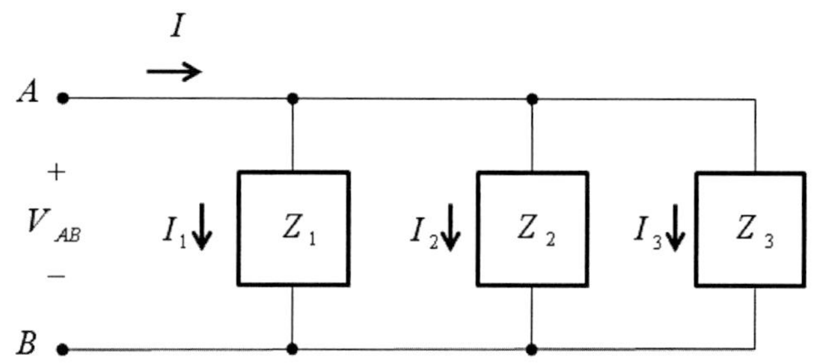

▌그림 13-3 병렬 임피던스들의 결합

(3) 저항 회로

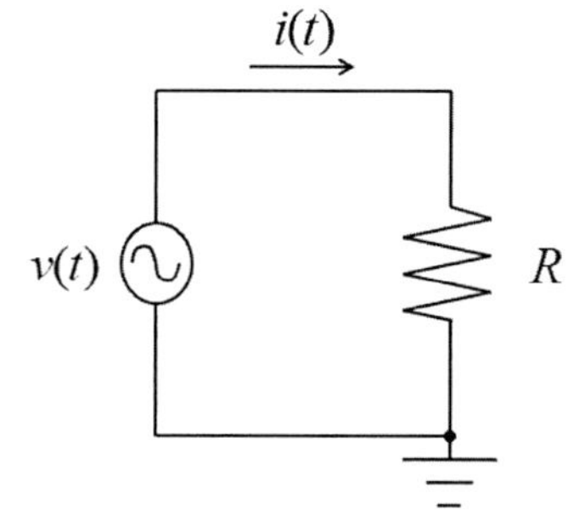

▌그림 13-4 저항 회로

그림 13-4에서와 같이 저항뿐인 회로에 교류전압 $v(t) = V_m \cos(\omega t)$을 인가하면, 전류는 $i(t) = I_m \cos(\omega t)$가 흐른다. 따라서 전압과 전류의 위상은 동일하고, 진폭만 달라진다.

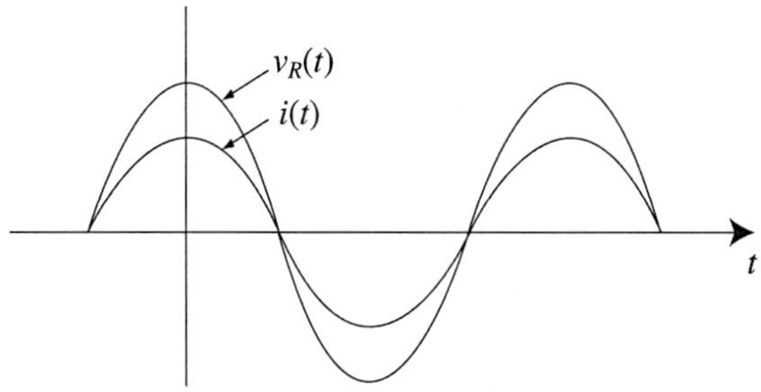

▌그림 13-5 저항의 전류 및 전압의 위상관계

또한, 임피던스는 다음과 같다.

$$\boldsymbol{Z} = \frac{\boldsymbol{V_R}}{\boldsymbol{I}} = \frac{RI_m \angle 0^{\circ}}{I_m \angle 0^{\circ}} = R$$

(4) 콘덴서만의 회로

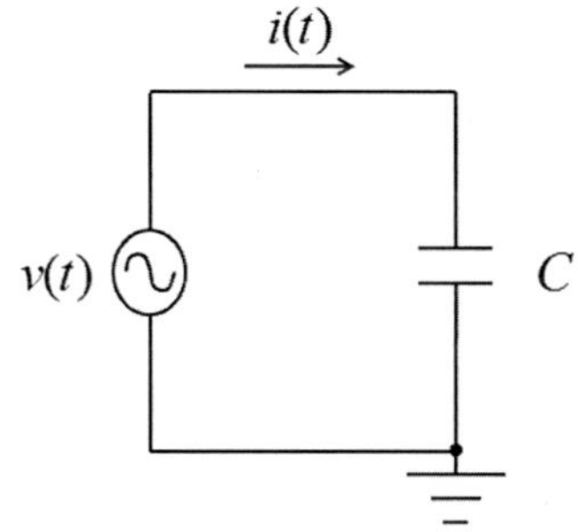

▌그림 13-6 콘덴서 회로

그림 13-6에서와 같이 콘덴서 회로에 교류전압 $V_m \cos(\omega t + \theta)$을 인가하면, 전압의 극형식은 $\boldsymbol{V} = V_m \angle 0$이고, 콘덴서에 흐르는 전류는

$$\begin{aligned} i_c(t) &= C\frac{dv_c}{dt} \\ &= -V_m \omega C \sin(\omega t) \\ &= V_m \omega C \cos\left(\omega t + \frac{\pi}{2}\right) \end{aligned}$$

이므로, 페이저로 나타내면,

$$\boldsymbol{I_C} = \omega C V_m \angle \pi/2$$

이 된다. 따라서 콘덴서에 흐르는 전류의 위상은 전압보다 $\pi/2$ 만큼 앞선다는 사실을 알 수 있다.

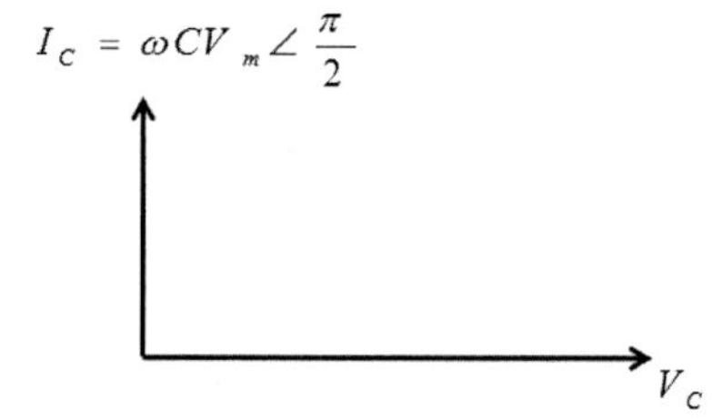

▌그림 13-7 콘덴서의 전류 및 전압의 위상관계

또한, 콘덴서의 임피던스는 다음과 같다.

$$\boldsymbol{Z} = \frac{\boldsymbol{V_C}}{\boldsymbol{I_C}} = \frac{V_m \angle 0}{\omega C V_m \angle \pi/2} = \frac{1}{\omega C} \angle -\pi/2 = -j\frac{1}{\omega C}$$

특히, $-\frac{1}{\omega C}$을 용량성 리액턴스(capactive reactance)라고 부른다.

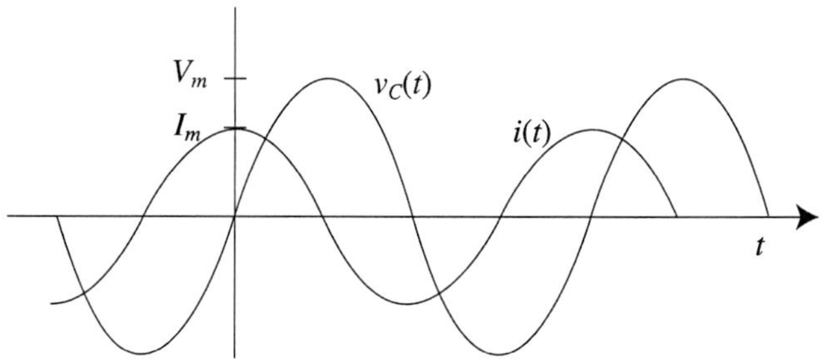

▌그림 13-8 콘덴서의 전류 및 전압의 위상차(phase difference)

예제 2

60[Hz]에서 콘덴서가 10[Ω]의 용량 리액턴스를 가질 때 정전용량은 얼마인가?

풀이

$Z = \frac{1}{2\pi f C}$로 부터

$$C = \frac{1}{2\pi f X_c} = \frac{1}{2\pi \times 60 \times 10} = 265[\mu F]$$

예제 3

$10[\mu F]$ 콘덴서에 전압 $v(t)=10\sin(\omega t-30^{\circ})$[V]을 가할 때 전류의 순간값은? 단, $\omega=100$ [rad/s]

풀이

$$I=\frac{V_C}{\frac{1}{j\omega C}}=\frac{10\angle-30^{\circ}}{\frac{10^5}{100}\angle-90^{\circ}}=0.01\angle 60^{\circ}$$

$\therefore\ i(t)=0.01\sin(\omega t+60^{\circ})$ [A]

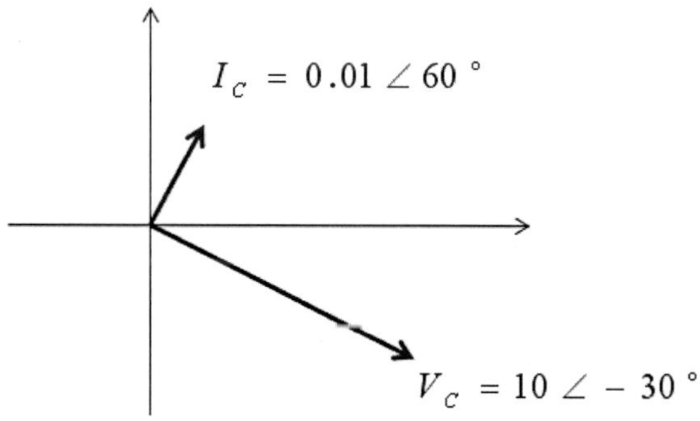

▌그림 13-9 페이저 다이어그램

예제 4

콘덴서 용량이 각각 $100[\mu F]$ 및 $47[\mu F]$일 때, 전압 $v(t)=5\sin(2\pi\times1000t)$[V]을 가할 때 전류의 순간값은?

(a) $$I=\frac{V_C}{\frac{1}{j\omega C}}=\frac{5\angle 0^{\circ}}{\frac{10^4}{2\pi\times1000}\angle-90^{\circ}}=\pi\angle 90^{\circ}$$

$\therefore\ i(t)=3.14\sin(2\pi\times1000t+90^{\circ})=3.14\cos(2\pi\times1000t)$ [A]

(b) $$I=\frac{V_C}{\frac{1}{j\omega C}}=\frac{5\angle 0^{\circ}}{\frac{10^6}{2\pi\times1000\times47}\angle-90^{\circ}}\approx1.48\angle 90^{\circ}$$

$\therefore\ i(t)=1.48\sin(2\pi\times1000t+90^{\circ})=1.48\cos(2\pi\times1000t)$ [A]

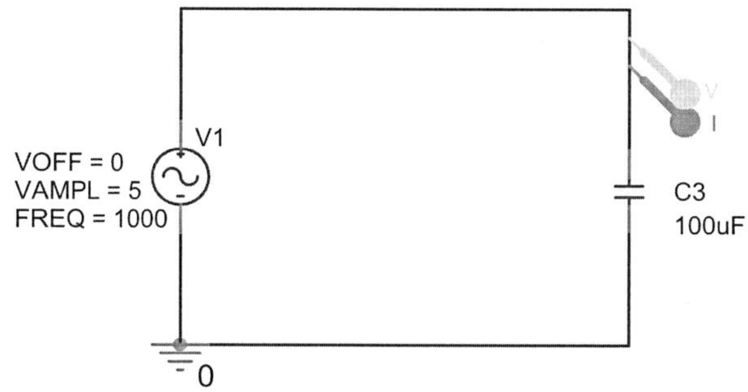

▌그림 13-10 콘덴서의 전류 및 전압의 위상관계

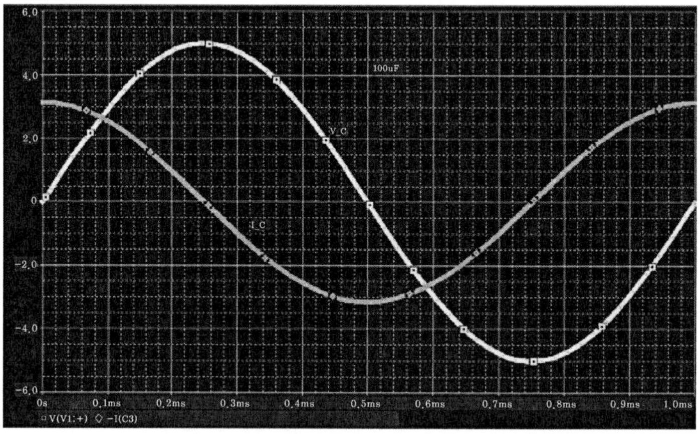

(a) $100\mu F$

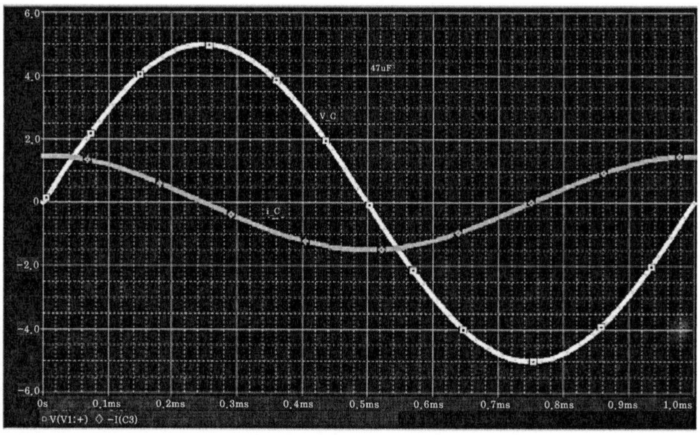

(b)$10\mu F$

▌그림 13-11 콘덴서의 전류 및 전압의 위상관계 시뮬레이션 결과

공학도를 위한 기초 회로 실험

(5) R-C 직렬 회로의 교류 특성

R-C 직렬 회로에 정현파 입력 $v_i = V_m\cos(\omega t)$ 이 인가될 때, 전류는 $i = I_m\cos(\omega t + \phi)$ 형태가 될 것이며, 다음 KVL 방정식이 성립한다.

$$v_i = v_R + v_C \qquad (13-3)$$

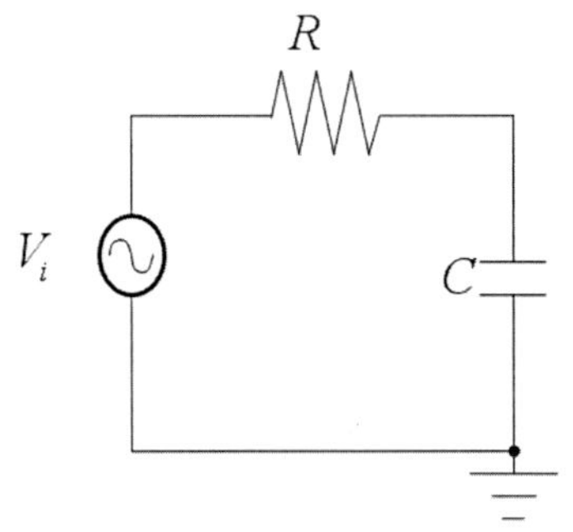

▌그림 13-12 R-C 회로

식 (13-3)은 오일러 공식에 의해

$$Re\left\{\frac{1}{j\omega C}I_m e^{j(\omega t+\phi)}\right\} + Re\left\{RI_m e^{j(\omega t+\phi)}\right\} = Re\left\{V_m e^{j(\omega t)}\right\}$$

가 성립함으로써 복소수영역 KVL 전압방정식

$$\frac{1}{j\omega C}\boldsymbol{I} + R\boldsymbol{I} = \boldsymbol{V_C} + \boldsymbol{V_R} = \boldsymbol{V}$$

이 성립한다. 따라서 페이저 전류 $\boldsymbol{I}$ 및 시간 영역 전류는 다음과 같이 된다.

$$\boldsymbol{I} = \frac{\boldsymbol{V}}{R + \frac{1}{j\omega C}} = \frac{j\omega C V}{j\omega CR + 1} = \frac{\omega C V_m}{\sqrt{1+(\omega CR)^2}}\,\frac{\angle 90^\circ}{\angle\tan^{-1}(\omega CR)} = I_m\angle(90^\circ - \phi)$$

$$I_m = \frac{\omega C V_m}{\sqrt{1+(\omega CR)^2}},\quad \phi = \tan^{-1}(\omega CR),\quad \frac{\pi}{2} - \phi = \theta \geq 0$$

$$i = \frac{V_m}{\sqrt{1+(\omega CR)^2}}cos\left(\omega t + \frac{\pi}{2} - \tan^{-1}\left(\frac{\omega L}{R}\right)\right)$$

한편, 복소수 전압 분배법칙에 의해

$$\boldsymbol{V_o} = \frac{\frac{1}{j\omega C}}{R + \frac{1}{j\omega C}}V_i\angle 0 = \frac{1}{1+j\omega CR}V_i\angle 0 = \frac{V_i}{\sqrt{1+(\omega CR)^2}}\angle -\phi = V_{Cm}\angle -\phi$$

$$\phi = \tan^{-1}(\omega CR)$$

공학도를 위한 기초 회로 실험

$$\boldsymbol{V_R} = \boldsymbol{IR} = \frac{R}{R + \dfrac{1}{j\omega C}} V_i \angle 0 = \frac{j\omega CR}{1 + j\omega CR} V_i \angle 0 = \frac{\omega CR}{\sqrt{1 + (\omega CR)^2}} V_i \angle \left(\frac{\pi}{2} - \phi\right) = V_{Rm} \angle (\theta)$$

$$\frac{\pi}{2} - \phi = \theta \geq 0$$

따라서 콘덴서에 걸리는 출력전압은 입력전압에 비해 위상이 $\phi = \tan^{-1}(\omega CR)$만큼 뒤진다. 위상의 차가 $\phi = \tan^{-1}(\omega CR)$에 종속되기 때문에 주파수의 높아짐에 따라 위상차가 커지게 된다. 이와 반면에 저항에 걸리는 전압은 입력 전압보다는 $\frac{\pi}{2} - \phi = \theta \geq 0$만큼 위상이 앞서고, 콘덴서 출력전압보다는 $\frac{\pi}{2}$만큼 위상이 앞선다. 입력전압, 저항에 걸리는 전압과 콘덴서 출력 전압의 페이저 도는 다음 그림과 같다:

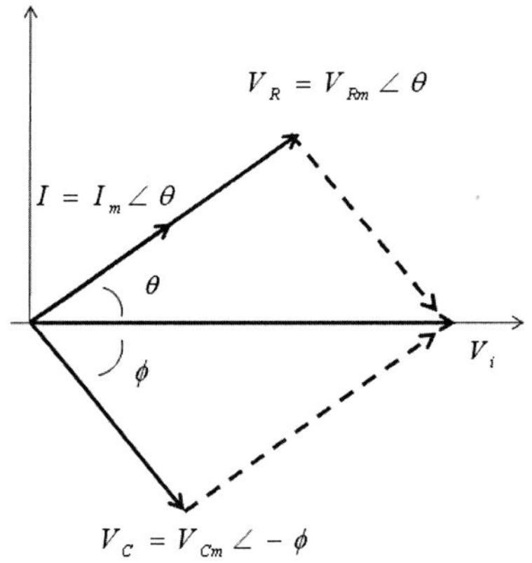

▌그림 13-13 입력전압과 저항과 콘덴서 출력 전압의 페이저 도

예제 5

R-C 직렬 회로에 정현파 입력이 인가될 때, 콘덴서 전압의 위상과 진폭이 입력 전압에 비해 어느 정도 변화가 되는가?

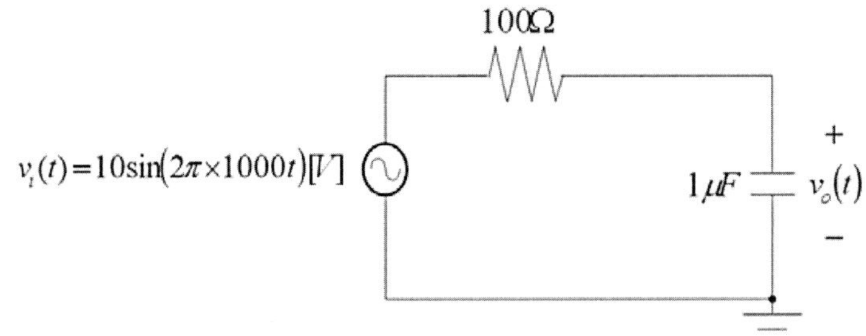

▌그림 11-14 R-C 직렬 회로 예제

풀이

$$V_o = \frac{1}{1+j\omega CR} V_i \angle 0 = \frac{10}{\sqrt{1+(2\pi \times 1000 \times 100 \times 10^{-6})^2}} \angle -32.13^\circ = 8.47 \angle -32.13^\circ$$

$$\phi = \tan^{-1}(\omega CR) = \tan^{-1}(2\pi \times 1000 \times 100 \times 10^{-6}) = 32.13^\circ$$

$$V_R = \frac{j\omega CR}{1+j\omega CR} V_i \angle 0 = \frac{2\pi \times 1000 \times 100 \times 10^{-6}}{\sqrt{1+(2\pi \times 1000 \times 100 \times 10^{-6})^2}} 10 \angle \left(\frac{\pi}{2} - \phi\right) = 5.32 \angle 57.87^\circ$$

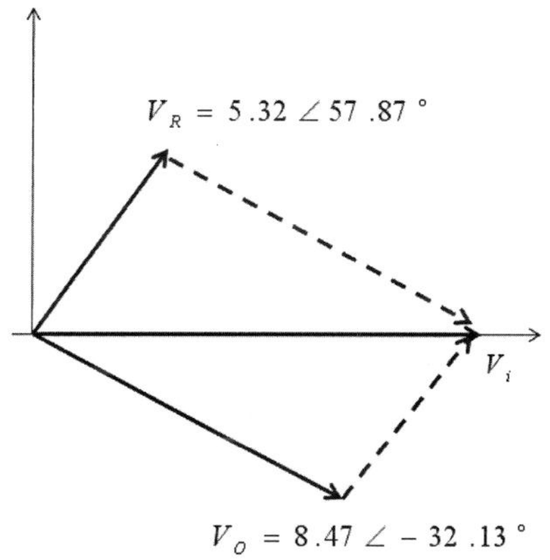

▌그림 13-15 페이저 다이어그램

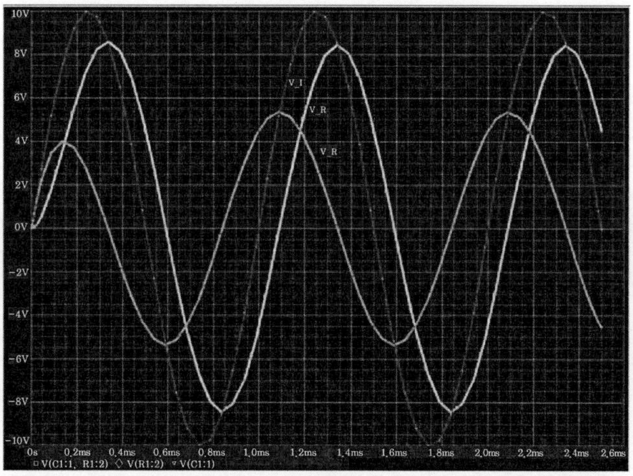

▌그림 13-16 시뮬레이션 결과

3 실험 기기 및 부품

(1) 저항 : $R = 100\Omega$ 1개

(2) 콘덴서 : $C = 1\mu F$, $10\mu F$, $100\mu F$, 각 1개

(3) 디지털 멀티미터(DMM) 1대

(4) 직류 전원 공급기 1대

(5) 오실로스코우프 1대

4 실험절차

(1) 그림 13-17의 회로를 구성하라. 입력신호는 1kHz, 첨두치가 10[V]인 정현파 $v_i(t) = 10\sin(2\pi 1000t)[V]$를 인가하라.

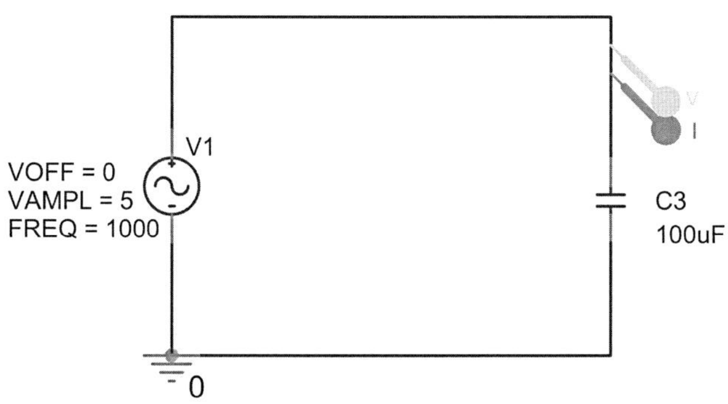

▌그림 13-17

(2) $C = 100\mu F$ 및 $C = 10\mu F$인 경우의 입력 전압 $v_i(t)$ 및 컨덴서 전류 $i_C(t)$의 위상과 진폭을 비교 관찰하고 파형을 그림 11-16 및 11-17에 각각 그려라.

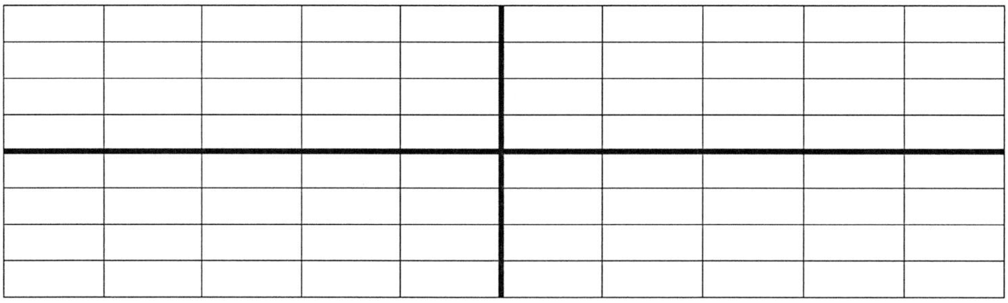

▌그림 13-18 입력 전압 $v_i(t)$ 및 콘덴서 전류 $i_C(t)$의 파형 $C = 100\mu F$

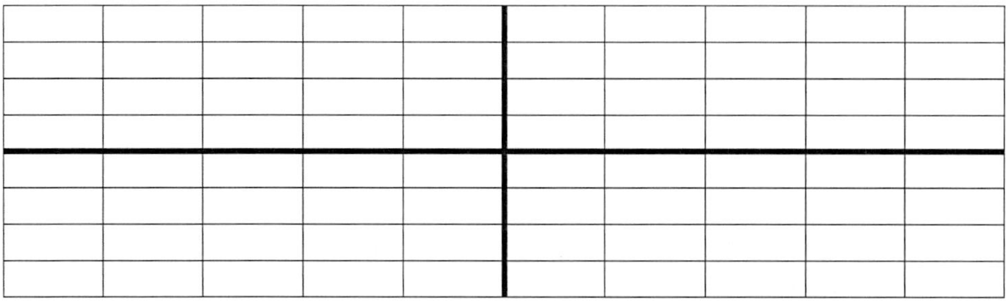

그림 13-19 입력 전압 $v_i(t)$ 및 콘덴서 전류 $i_C(t)$의 파형 $C=10\mu F$

(3) 입력 전압 $v_i(t)$ 및 콘덴서 전류 $i_C(t)$의 계산 결과와 측정 결과를 비교하라.

(4) 그림 13-20의 회로를 구성하라. 입력신호는 1kHz, 첨두치가 10[V]인 정현파 $v_i(t)=10\sin(2\pi 1000t)[V]$를 인가하라.

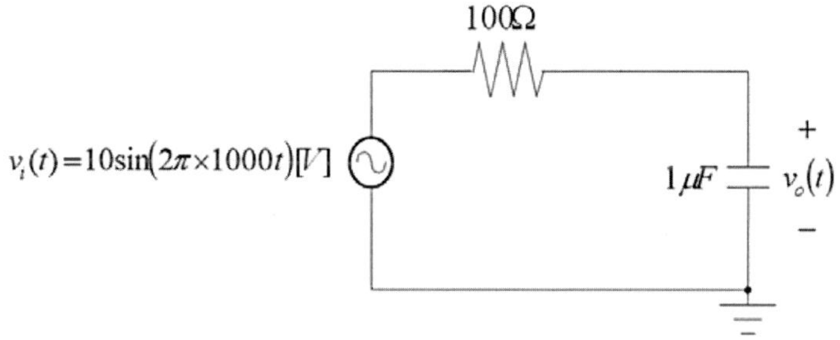

그림 13-20 R-C 직렬 회로

(5) 입력 전압, 저항 전압 및 콘덴서 전압의 위상과 진폭을 비교 관찰하라.

(6) 입력 전압 $v_i(t)$, 저항 전압 $v_R(t)$ 및 콘덴서 전압 $v_C(t)$의 파형을 그림 13-21에 그려라.

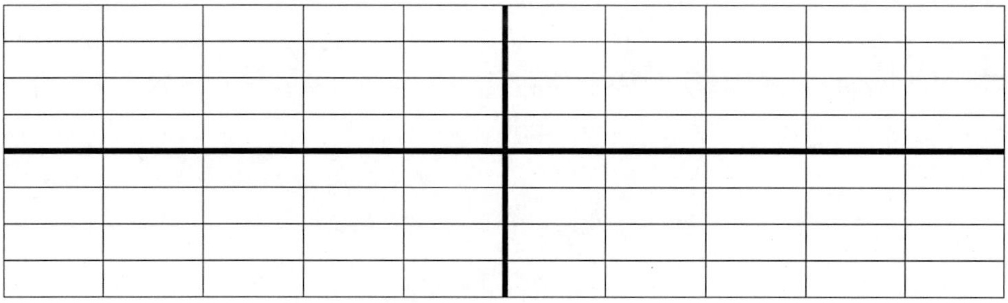

그림 13-21 입력 전압 $v_i(t)$, 저항 전압 $v_R(t)$ 및 콘덴서 전압 $v_C(t)$의 파형

(7) 입력 전압 $v_i(t)$, 저항 전압 $v_R(t)$ 및 콘덴서 전압 $v_C(t)$의 계산 결과와 측정 결과를 비교하라.

실험 14 R-L 회로의 교류 특성

1 개요

(1) R-L 회로 교류 특성 : 정현파 신호 인가시 입출력 전압 및 전류의 진폭 및 위상변화 특성

2 관련 이론

(1) 코일 회로

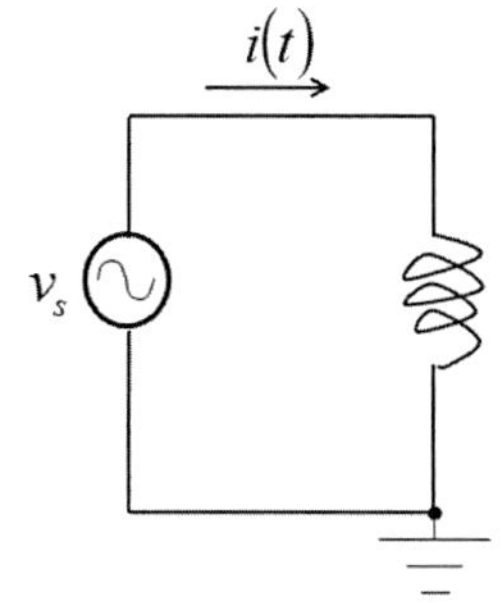

▍그림 14-1 코일 회로

그림 11-1에서와 같이 코일 회로에 교류전류 $i(t) = I_m \cos(\omega t + \theta)$가 흐른다고 가정하면, 전류의 극 형식은 $\boldsymbol{I} = I_m \angle \theta$ 이고, 코일의 전압은

$$
\begin{aligned}
v_L(t) &= L\frac{di}{dt} \\
&= -I_m \omega L \sin(\omega t + \theta) \\
&= I_m \omega L \cos\left(\omega t + \theta + \frac{\pi}{2}\right)
\end{aligned}
$$

이므로, 페이저로 나타내면,

$$V_L = \omega L I_m \angle (\theta + \frac{\pi}{2})$$

이 된다. 따라서 코일에 생기는 전압의 위상은 전류보다 $\pi/2$ 만큼 앞선다는 사실을 알 수 있다.

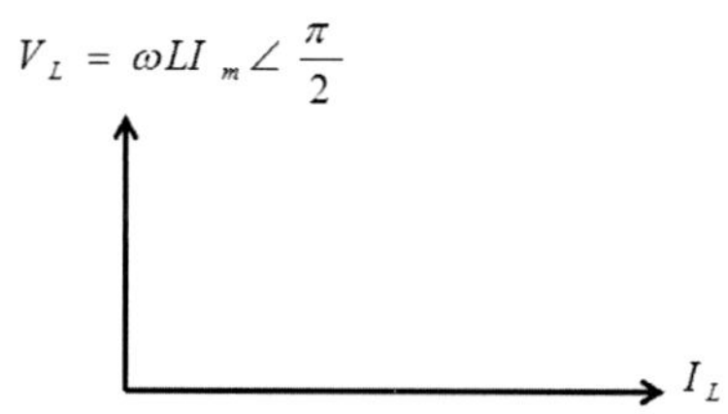

▌그림 14-2 코일의 전류 및 전압의 위상관계

또한, 코일의 임피던스는 다음과 같다.

$$Z = \frac{V_L}{I} = \frac{\omega L I_m \angle (\theta + \frac{\pi}{2})}{I_m \angle \theta} = \omega L \angle \pi/2 = j\omega L$$

특히, ωL을 유도성 리액턴스(inductive reactance)라고 부른다.

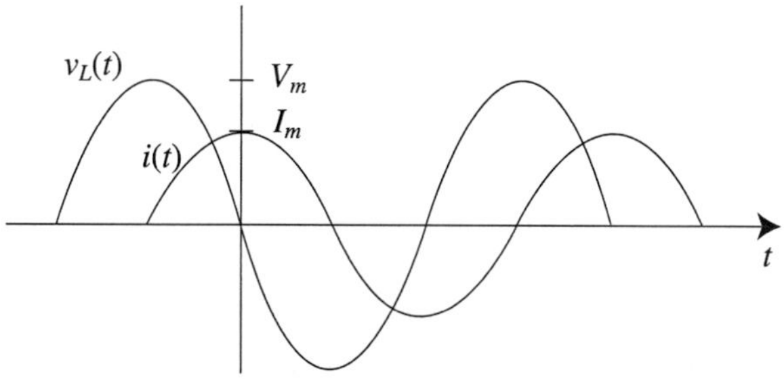

▌그림 14-3 코일의 전류 및 전압의 위상차(phase difference)

예제 1

1[H] 코일의 리액턴스가 370[Ω] 일 때 주파수는 얼마인가?

풀이

$$Z = \omega L = 2\pi f L$$

로부터

$$f = \frac{Z}{2\pi L} = \frac{370}{2\pi} = 58.89 \text{ [Hz]}$$

공학도를 위한 기초 회로 실험

예제 2

인덕턴스가 $2[mH]$인 코일에 전압 $v(t)=3\sin(\omega t+30^{\circ})$을 가할 때 전류의 순간값은? 단, $f=1000[Hz]$

풀이

코일의 페이저는

$$V=3\angle 30^{\circ}$$

이고 코일의 리액턴스는

$$Z=\omega L=2\pi f L=2\pi\times 1000\times 2\times 10^{-3}=4\pi[\Omega]$$

$$I=\frac{V_L}{j\omega L}=\frac{3\angle 30^{\circ}}{4\pi\angle 90^{\circ}}\simeq 0.24\angle -60^{\circ}$$

$$\therefore\ i(t)=0.24\sin(\omega t-60^{\circ})\ [A]$$

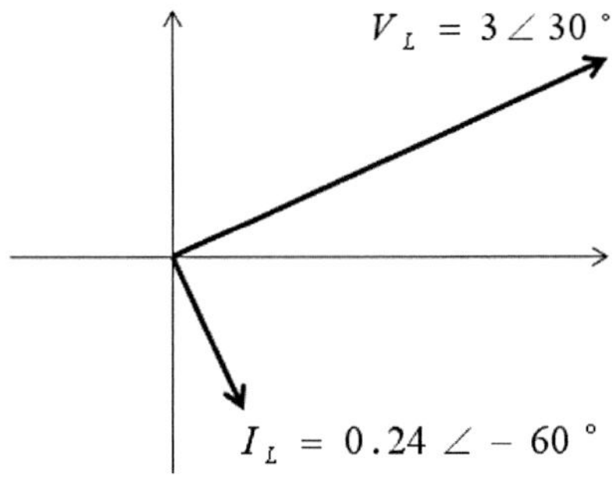

그림 14-4 코일의 페이저 다이어그램

예제 3

인덕턴스가 $10[\mu H]$ 및 $1[mH]$인 코일에 전류 $i(t)=0.01\sin(2\pi\times 1000t)[A]$을 가할 때 코일에 유도전압의 순간값은? 단, $f=1000[Hz]$

풀이

(a) $10[\mu H]$:

코일의 페이저는

$$I=0.01\angle 0^{\circ}$$

이고 코일의 리액턴스는

$$Z=\omega L=2\pi f L=2\pi\times 1000\times 10\times 10^{-6}=2\pi\times 10^{-2}[\Omega]$$

$$V_L=j\omega LI=2\pi\times 10^{-2}\angle 90^{\circ}\times 0.01\angle 0^{\circ}=2\pi\times 10^{-4}\angle 90^{\circ}$$

$$\therefore\ v_L(t)=2\pi\times 10^{-4}\sin(\omega t+90^{\circ})\ [V]$$

(b) $1\,[mH]$:

$$Z = \omega L = 2\pi f L = 2\pi \times 1000 \times 1 \times 10^{-3} = 2\pi\,[\Omega]$$

$$\boldsymbol{V_L} = \boldsymbol{j\omega L I} = 2\pi\angle 90^{\circ} \times 0.01\angle 0^{\circ} = 2\pi \times 10^{-2}\angle 90^{\circ}$$

$$\therefore\ v_L(t) = 2\pi \times 10^{-2}\sin(\omega t + 90^{\circ})\,[V]$$

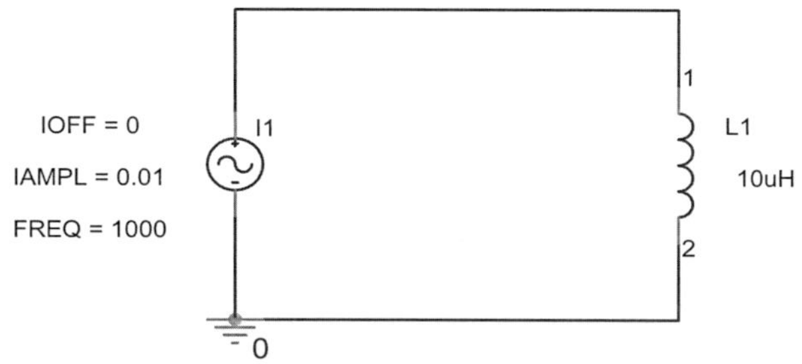

▌그림 14-5 코일의 전류 및 전압의 위상 관계

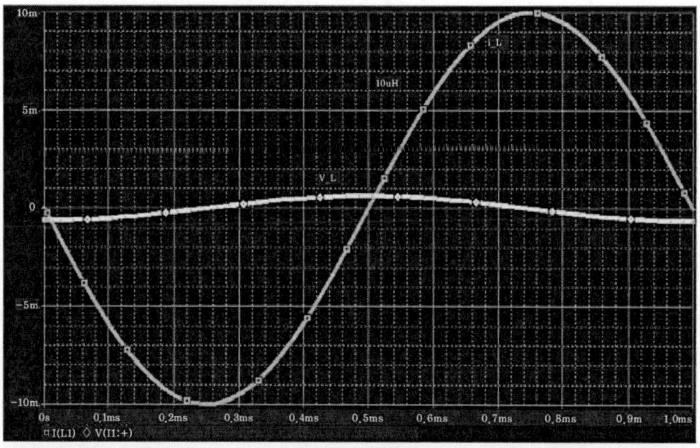

(a) $10\,[\mu H]$

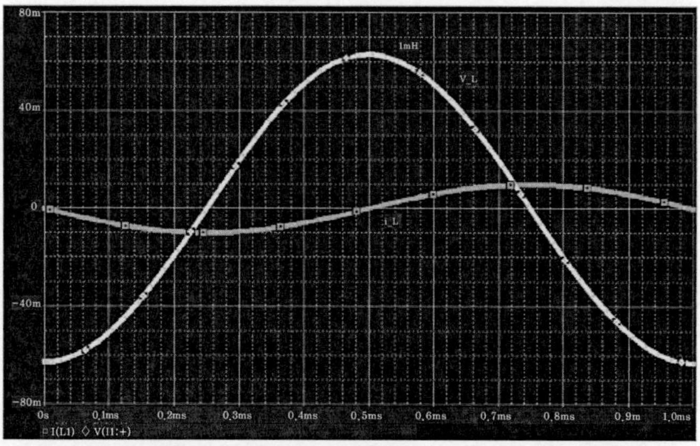

(b) $1\,[mH]$

▌그림 14-6 코일의 전류 및 전압의 위상차 시뮬레이션 결과

(2) R-L 직렬 회로의 교류 특성

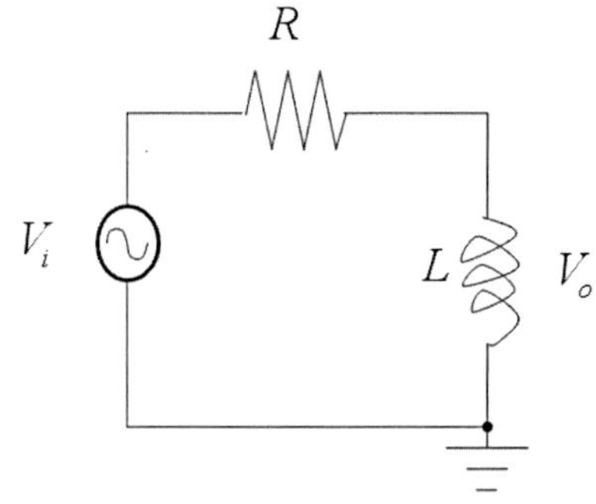

▌그림 14-7 R-L 직렬 회로

R-L 직렬 회로에 대하여 정현파 교류 입력 신호

$$v_i = V_m \cos \omega t$$

을 인가하면, 전류는 역시 정현파 교류

$$i = I_m \cos(\omega t + \phi)$$

형태가 된다. R-L 직렬 회로에 대하여 시간 영역 KVL 방정식을 세우면

$$v_i = v_R + v_L \tag{14-1}$$

가 된다. 식 (14-1)은 오일러 공식에 의해

$$Re\left\{j\omega L I_m e^{j(\omega t + \phi)}\right\} + Re\left\{R I_m e^{j(\omega t + \phi)}\right\} = Re\left\{V_m e^{j(\omega t)}\right\}$$

로 된다. 따라서 복소수영역 KVL 전압방정식

$$j\omega L\boldsymbol{I} + R\boldsymbol{I} = \boldsymbol{V_L} + \boldsymbol{V_R} = \boldsymbol{V}$$

이 성립한다. 이로부터 페이저 전류$\boldsymbol{I}$를 구할 수 있다.

$$\boldsymbol{I} = \frac{\boldsymbol{V}}{R + j\omega L} = \frac{V_m}{\sqrt{R^2 + (\omega L)^2}} \frac{\angle 0^\circ}{\angle \tan^{-1}\left(\frac{\omega L}{R}\right)} = I_m \angle(-\phi)$$

$$I_m = \frac{V_m}{\sqrt{R^2 + (\omega L)^2}}, \quad \phi = -\tan^{-1}\left(\frac{\omega L}{R}\right)$$

따라서 전류$i = I_m \cos(\omega t + \phi)$는

$$i = \frac{V_m}{\sqrt{R^2 + (\omega L)^2}} \cos\left(\omega t - \tan^{-1}\left(\frac{\omega L}{R}\right)\right)$$

가 된다. 한편 코일의 전압에 대한 페이저 V_0 및 저항에 걸리는 전압의 페이저 V_R은

$$V_o = j\omega L I = \frac{j\omega L}{R + j\omega L} V_i \angle 0 = \frac{\omega L}{\sqrt{R^2 + (\omega L)^2}} V_i \angle \left(\frac{\pi}{2} - \phi\right) = V_{Lm} \angle (\theta)$$

$$\phi = \tan^{-1}\left(\frac{\omega L}{R}\right) \quad \frac{\pi}{2} - \phi = \theta \ge 0$$

$$V_R = RI = \frac{R}{R + j\omega L} V_i \angle 0 = \frac{R}{\sqrt{R^2 + (\omega L)^2}} V_i \angle -\phi = V_{Rm} \angle -\phi$$

가 된다. 따라서 코일에 걸리는 출력전압 V_0은 입력전압 V_i에 비해 위상이 $\frac{\pi}{2} - \phi = \theta \ge 0$만큼 위상이 앞선다(lead). 즉, V_0와 V_i 사이의 위상의 차는 $\theta = \frac{\pi}{2} - \phi = \frac{\pi}{2} - \tan^{-1}\left(\frac{\omega L}{R}\right)$이다. 이와 반면에 저항에 걸리는 전압 V_R은 입력 전압보다는 $\phi = \tan^{-1}\left(\frac{\omega L}{R}\right)$만큼 위상이 뒷서고(lag), 코일 출력전압 V_0보다는 $\frac{\pi}{2}$ 만큼 위상이 뒷선다. 입력전압 V_i, 저항에 걸리는 전압 V_R과 코일의 출력 전압 V_0의 페이저 도는 다음 그림과 같다:

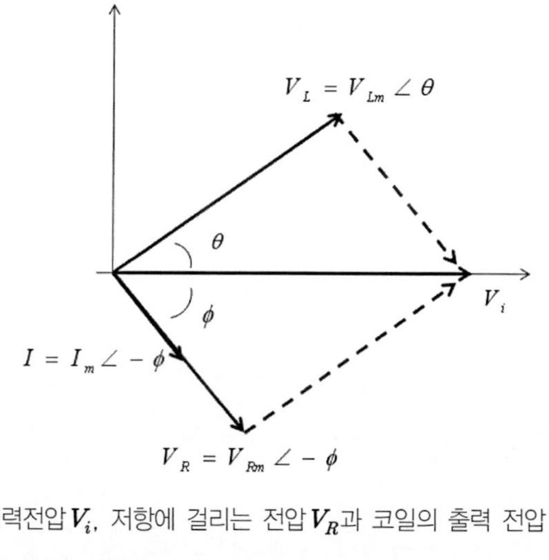

▌그림 14-8 입력전압 V_i, 저항에 걸리는 전압 V_R과 코일의 출력 전압 V_0의 페이저 도

예제 4

다음 R-L 직렬 회로에 정현파 입력이 인가될 때, 저항 및 코일 전압의 위상과 진폭이 입력 전압에 비해 어느 정도 변화가 되는가?

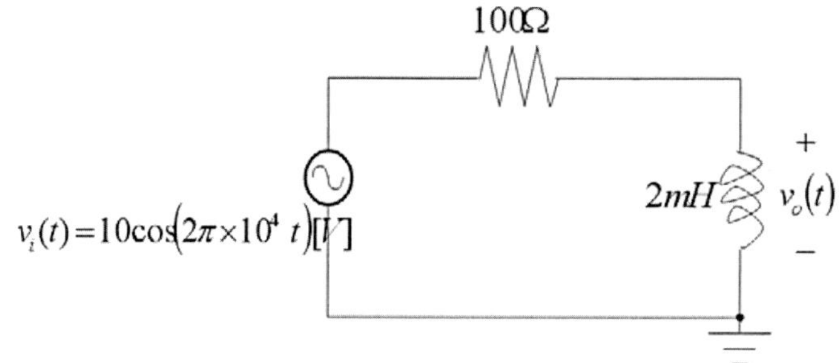

▌그림 14-9 R-L 직렬 회로 예제

풀 이

$$\omega L = 2\pi \times 10000$$

$$\boldsymbol{V_o} = \frac{j\omega L}{R+j\omega L}V_i\angle 0 = \frac{2\pi\times10^4\times2\times10^{-3}}{\sqrt{100^2+(2\pi\times10^4\times2\times10^{-3})^2}}10\angle\left(\frac{\pi}{2}-\phi\right)\simeq 7.823\angle(38.526^\circ)$$

$$\phi = \tan^{-1}\left(\frac{\omega L}{R}\right) = \tan^{-1}\left(\frac{2\pi\times10000\times2\times10^{-3}}{100}\right) = 51.474^\circ$$

$$\boldsymbol{V_R} = \frac{R}{R+j\omega L}V_i\angle 0 = \frac{100}{\sqrt{100^2+(2\pi\times10^4\times2\times10^{-3})^2}}10\angle-\phi = 6.2287\angle-\phi$$

$$\boldsymbol{I} = \frac{1}{R+j\omega L}V_i\angle 0 = \frac{1}{\sqrt{100^2+(2\pi\times10^4\times2\times10^{-3})^2}}10\angle-\phi = 0.06229\angle-\phi$$

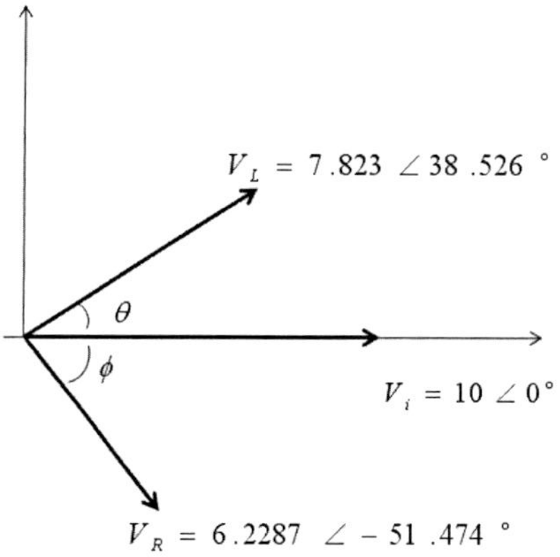

▌그림 14-10 각 성분의 페이저 다이어그램

따라서 각 성분의 전압식은 다음과 같다:

$$v_i(t) = 10\sin(2\pi\times10^4 t)\,[\mathrm{V}]$$

$$v_R(t) = 6.2287\sin(2\pi\times10^4 t - 51.474^\circ)\,[\mathrm{V}]$$

$$v_L(t) = 7.823\sin(2\pi\times10^4 t + 38.526^\circ)\,[\mathrm{V}]$$

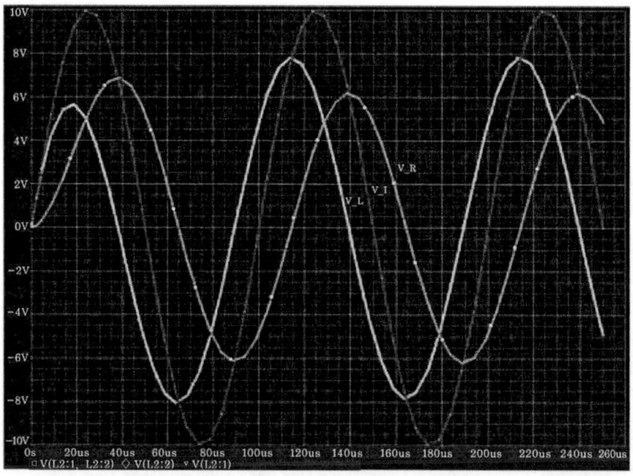

▌그림 14-11 입력신호전압, 저항 및 코일 전압 파형의 위상과 진폭비교

3 실험 기기 및 부품

(1) 저항 : $R = 100\Omega$ 1개

(2) 코일 : $L = 1mH$, $L = 2mH$, $L = 10\mu H$ 각 1개

(3) 교류 함수 발생기 1대

(4) 오실로스코우프 1대

4 실험절차

(1) 그림 14-12의 회로를 구성하라. 입력신호는 1kHz, 첨두치가 0.01[A]인 정현파 $i_i(t) = 0.01\sin(2\pi 1000t)[A]$를 인가하라.

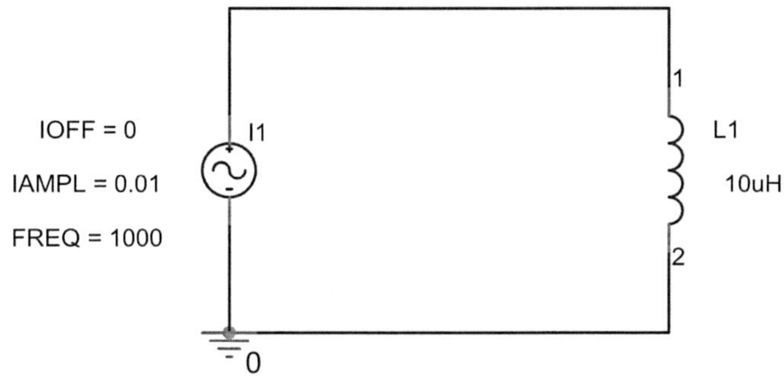

▌그림 14-12

(2) $L = 10\mu H$ 및 $L = 1mH$ 인 경우의 입력 전류 $i_i(t)$ 및 코일전압 $v_L(t)$의 위상과 진폭을 비교 관찰하고 파형을 그림 14-13 및 14-14에 각각 그려라.

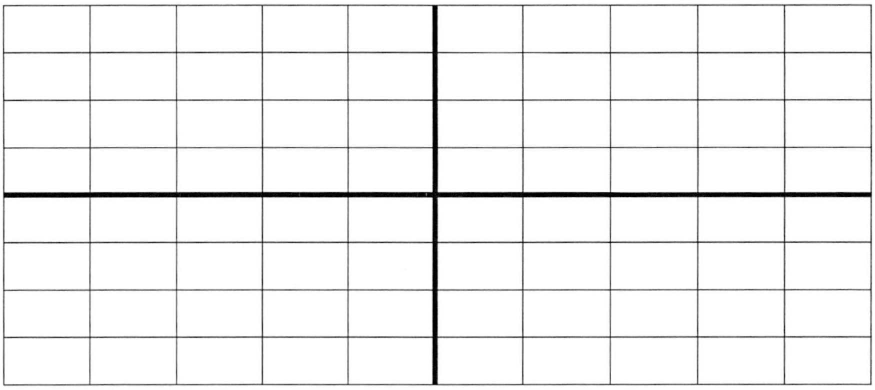

▌그림 14-13 입력 전류 $i_i(t)$ 및 코일 전압 $v_L(t)$의 파형($L = 10\mu H$)

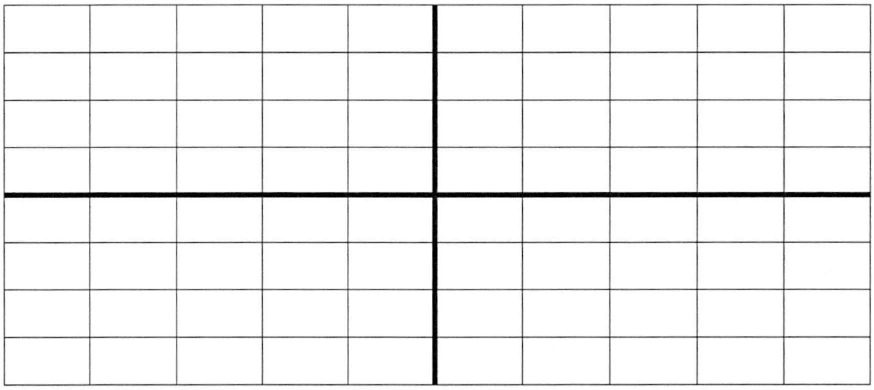

▌그림 14-14 입력 전류 $i_i(t)$ 및 코일 전압 $v_L(t)$의 파형 ($L = 1mH$)

(3) 그림 14-15의 회로를 구성하라. 입력신호는 1kHz, 첨두치가 10[V]인 정현파 $v_i(t) = 10\sin(2\pi 1000t)[V]$를 인가하라.

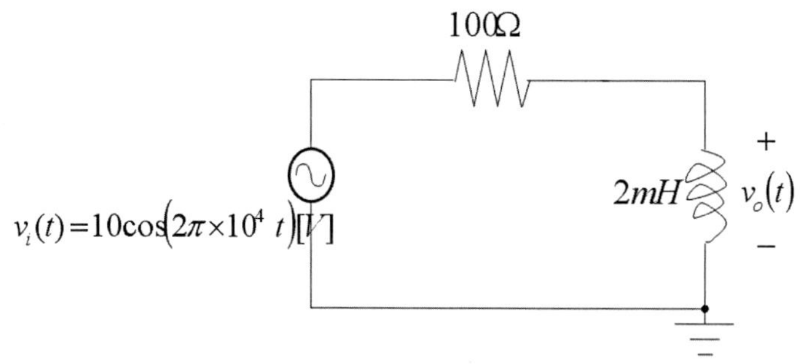

▌그림 14-15

(4) 입력 전압, 저항 전압 및 코일 전압의 위상과 진폭을 비교 관찰하라.

(5) 입력 전압 $v_i(t)$, 저항 전압 $v_R(t)$ 및 코일전압 $v_L(t)$의 파형을 그림 14-16에 그려라.

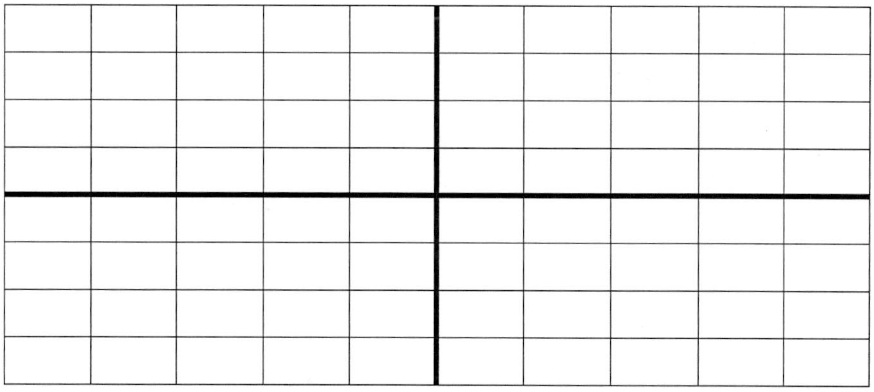

▌그림 14-16 입력 전압 $v_i(t)$, 저항 전압 $v_R(t)$ 및 코일 전압 $v_L(t)$의 파형

(6) 입력 전압 $v_i(t)$, 저항 전압 $v_R(t)$ 및 코일 전압 $v_L(t)$의 계산 결과와 측정 결과를 비교하라.

실험 15 R-L-C 회로의 교류 특성

1 개요

(1) R-L-C 회로의 정현파 응답 특성 : 정현파 신호 인가시 입출력 전압 및 전류의 진폭 및 위상 특성의 이해
(2) R-L-C 회로의 구형파 응답특성 : 구형파 신호 인가시 입출력 전압 및 전류의 진폭 및 위상 특성의 이해

2 관련 이론

(1) R-L-C 직렬 회로의 정현파 응답

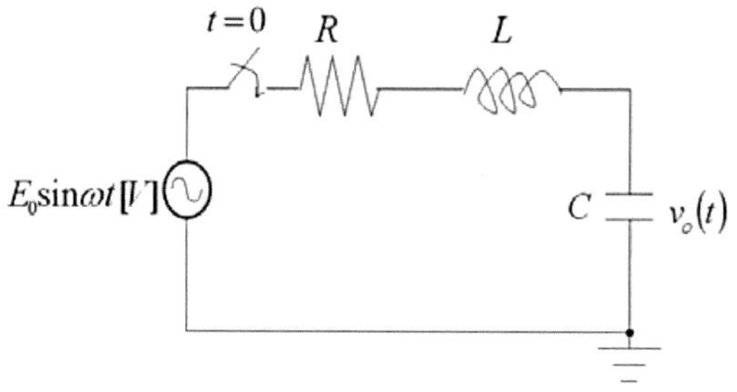

▌그림 15-1 R-L-C 직렬 회로의 정현파 응답

R-L-C 직렬 회로에 정현파 교류신호 $E_0\sin\omega t$를 인가시에 출력 전압은 $E_f\sin(\omega t+\phi)$인 형태로 될 것이다. 키르히호프 전압 방정식(KVL)을 세우면,

$$L\frac{di}{dt}+Ri+v_c=E_0\sin\omega t\ ,$$

$$i=C\frac{dv_c}{dt}$$

로부터

$$\frac{d^2v_c}{dt^2}+\frac{R}{L}\frac{dv_c}{dt}+\frac{1}{LC}v_c=\frac{E_0}{LC}\sin\omega t$$

인 2차 미분 방정식의 형태로 된다. 만약, 콘덴서 전압에 대한 자연 응답(natural response), 즉 과도해(transient-state solution)를 구한다고 하면,

$$LC\frac{d^2v_c}{dt^2}+RC\frac{dv_c}{dt}+v_c=0$$

의 해를 구하면 된다, 그 해를 $v_{ch}=Ae^{st}$ 라 두면,

$$\left(Ls^2+Rs+\frac{1}{C}\right)Ae^{st}=0$$

에서

$$v_{ch}=Ae^{st}\neq 0$$

를 만족하여야 하므로,

$$Ls^2+Rs+\frac{1}{C}=0$$

로부터, 서로 다른 두 근을 얻게 된다.

$$s=-\frac{R}{2L}\pm\sqrt{\left(\frac{R}{2L}\right)^2-\frac{1}{LC}}=-\alpha\pm\sqrt{\alpha^2-\omega^2}$$

$$\alpha=\frac{R}{2L},\quad \omega=\frac{1}{LC}$$

따라서 자연 응답은

$$v_{ch}=Ae^{s_1t}+Be^{s_2t}$$

가 된다. 자연 응답 v_{ch}의 형태는 다음과 같다:

❶ $\left(\frac{R}{2L}\right)^2>\frac{1}{LC}$ 일 때 서로 다른 두 실근(과도 감쇄) : $v_{ch}=Ae^{s_1t}+Be^{s_2t}$

❷ $\left(\frac{R}{2L}\right)^2=\frac{1}{LC}$ 일 때 중근(임계 감쇄) : $v_{ch}=(At+B)e^{s_1t}$

❸ $\left(\frac{R}{2L}\right)^2<\frac{1}{LC}$ 일때 복소근(과소 감쇄) : $v_{ch}=Ae^{-\alpha t}\cos\beta t+Be^{-\alpha t}\sin\beta t$

강제 응답, 즉 정상상태 해(steady-state solution)를 구한다고 하면, v_{cp}은

$$LC\frac{d^2v_{cp}}{dt^2}+RC\frac{dv_{cp}}{dt}+v_{cp}=E_0\sin\omega t$$

의 해 이므로, 페이저를 사용하여 해를 구하는 편이 효율적이다. 시간 영역 KVL 방정식은

$$v_i=v_R+v_L+v_C$$

은 오일러 공식에 의해

$$Im\{RI_m e^{j(\omega t+\phi)}\}+Im\{j\omega LI_m e^{j(\omega t+\phi)}\}+Im\left\{\frac{1}{j\omega C}I_m e^{j(\omega t+\phi)}\right\}=Im\{V_m e^{j(\omega t)}\}$$

로 된다. 따라서 복소수영역 KVL 전압방정식

$$R\boldsymbol{I}+j\omega L\boldsymbol{I}+\frac{\boldsymbol{I}}{j\omega C}=\boldsymbol{V_R}+\boldsymbol{V_L}+\boldsymbol{V_C}=\boldsymbol{V}$$

이 성립한다. 이로부터 페이저 전류$\boldsymbol{I}$를 구할 수 있다.

$$\boldsymbol{I}=\frac{\boldsymbol{V}}{\boldsymbol{Z}}=\frac{E_0}{R+j\left(\omega L-\dfrac{1}{\omega C}\right)}=\frac{E_0}{\sqrt{R^2+\left(\omega L-\dfrac{1}{\omega C}\right)^2}}\angle-\phi$$

$$\phi=\tan^{-1}\left(\frac{\omega L-\dfrac{1}{\omega C}}{R}\right)$$

한편 콘덴서 전압의 페이저는

$$\boldsymbol{V_C}=-jX_C\boldsymbol{I}=\frac{\dfrac{1}{\omega C}E_0}{\sqrt{R^2+\left(\omega L-\dfrac{1}{\omega C}\right)^2}}\angle-\phi-\frac{\pi}{2}$$

따라서 강제 응답 v_{cp}은

$$v_{cp}=\frac{\dfrac{1}{\omega C}E_0}{\sqrt{R^2+\left(\omega L-\dfrac{1}{\omega C}\right)^2}}\sin\left(\omega t-\phi-\frac{\pi}{2}\right)$$

결론적으로, 정상해(steady-state solution)와 과도해(transient-state solution)를 합한 완전해

$$v_c=v_{ch}+v_{cp}$$

의 형태는 다음과 같다:

❶ $\left(\dfrac{R}{2L}\right)^2>\dfrac{1}{LC}$ 일 때 서로 다른 두 실근(과도 감쇄):

$$v_c=Ae^{s_1t}+Be^{s_2t}+\frac{\dfrac{1}{\omega C}E_0}{\sqrt{R^2+\left(\omega L-\dfrac{1}{\omega C}\right)^2}}\sin\left(\omega t-\phi-\frac{\pi}{2}\right)$$

❷ $\left(\dfrac{R}{2L}\right)^2=\dfrac{1}{LC}$ 일 때 중근(임계 감쇄):

$$v_c = (At+B)e^{s_1 t} + \frac{\frac{1}{\omega C}E_0}{\sqrt{R^2+\left(\omega L - \frac{1}{\omega C}\right)^2}}\sin\left(\omega t - \phi - \frac{\pi}{2}\right)$$

❸ $\left(\frac{R}{2L}\right)^2 < \frac{1}{LC}$ 일 때 복소근(과소 감쇄) :

$$v_c = Ae^{-\alpha t}\cos\beta t + Be^{-\alpha t}\sin\beta t + \frac{\frac{1}{\omega C}E_0}{\sqrt{R^2+\left(\omega L - \frac{1}{\omega C}\right)^2}}\sin\left(\omega t - \phi - \frac{\pi}{2}\right)$$

결과를 정리하면 다음과 같이 요약된다 : R-L-C 직렬 회로에 $E_0\sin\omega t$을 인가시에 정상상태에서의 출력 전압은 $E_f\sin(\omega t+\phi)$인 형태로 될 것이다. 주파수는 변화가 없고 진폭과 위상이 변하게 된다.

예제 1

다음 회로에서 저항, 콘덴서 및 코일의 정상상태 전압(steady-state voltage)을 각각 구하라.

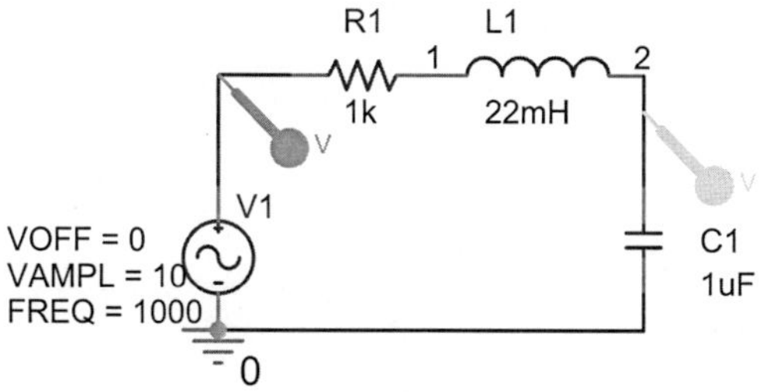

그림 15-2 R-L-C 직렬 회로의 정현파 응답 예제2

풀이

복소수 영역 KVL 방정식이 성립한다.

$$RI + j\omega LI + \frac{I}{j\omega C} = V_R + V_L + V_C = V$$

코일과 콘덴서의 임피던스를 각각 구하면

$$j\omega L = j44\pi = j138.16$$

$$-j\frac{1}{\omega C} = -j\frac{10^6}{2\pi\times 10^3} \simeq -j159.24$$

따라서 전체 합성 임피던스는

$$\begin{aligned}Z &= R + j\omega L - j\frac{1}{\omega C} \\ &= 1000 + j(138.16 - 159.24) \\ &= 1000 - j21.076 \\ &= 1000.222\angle -1.21^{\circ}\end{aligned}$$

따라서 임피던스는 용량성임을 알 수 있다.

$$10\angle 0^{\circ} = \boldsymbol{I}(1000.222\angle -1.21^{\circ})$$

로 부터

$$\boldsymbol{I} = 0.00999\angle 1.21^{\circ}$$

를 얻게 된다. 따라서 정상전류는

$$i(t) = 9.99\sin(\omega t + 1.21^{\circ})\,[mA][\mathrm{A}]$$

저항, 콘덴서, 코일의 전압의 페이저를 각각 구하면,

$$V_R = 10\angle 0^{\circ}\frac{1000}{1000.222\angle -1.21^{\circ}} \simeq 9.998\angle 1.21^{\circ}$$

$$V_C = 10\angle 0^{\circ}\frac{159.24\angle -90^{\circ}}{1000.222\angle -1.21^{\circ}} \simeq 1.592\angle 88.79^{\circ}$$

$$V_L = 10\angle 0^{\circ}\frac{138.16\angle 90^{\circ}}{1000.222\angle -1.21^{\circ}} \simeq 1.381\angle 91.21^{\circ}$$

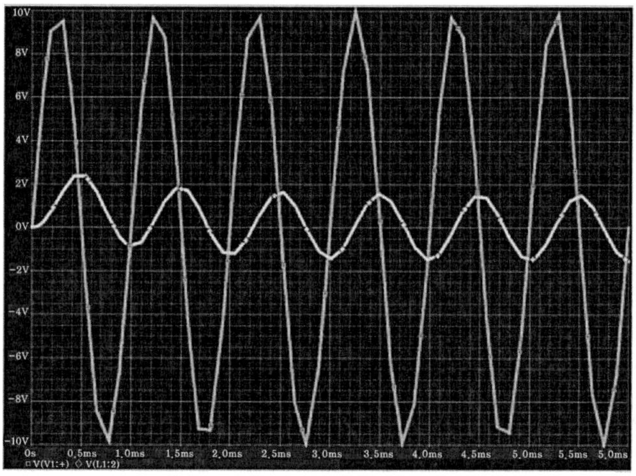

▌그림 15-3 시뮬레이션 결과(입력전압과 콘덴서 전압파형)

시뮬레이션 결과로부터 알 수 있는 것은 초기에는 과도적 현상이 있으나 4주기 정도 지나면 정상상태 응답 특성을 갖는다. 페이저 해석 결과식

$$V_C = 10\angle 0^{\circ}\frac{159.24\angle -90^{\circ}}{1000.222\angle -1.21^{\circ}} \simeq 1.592\angle 88.79^{\circ}$$

을 보면 4주기 지난 콘덴서 전압의 진폭 및 위상과 거의 일치한다.

(2) R-L-C 병렬 회로의 정현파 응답

이번에는 R-L-C 병렬 회로에 정현파 교류신호가 인가 될 때 정상 응답 특성을 살펴보자.

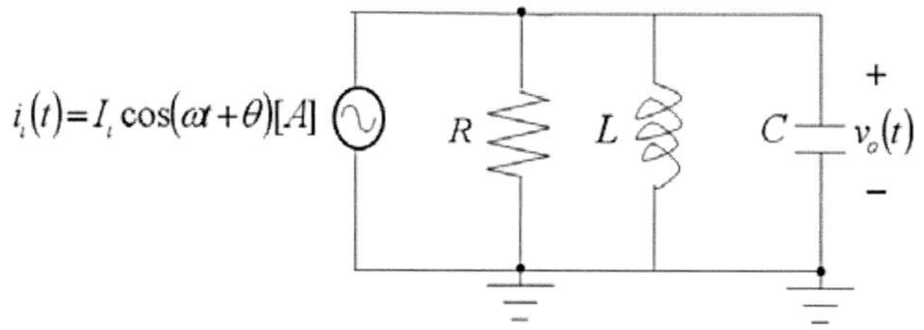

▌그림 15-4 R-L-C 병렬 회로

코일에 흐르는 전류$i(t)$에 관하여 키르히호프 전류 방정식을 세우면,

$$\frac{v_o}{R}+C\frac{dv_o}{dt}+i=I_i\sin\omega t \qquad (15-1)$$

이 된다. 이때, 코일에 유도되는 전압 v은

$$v_o=L\frac{di}{dt} \qquad (15-2)$$

이므로,

$$\frac{dv_o}{dt}=L\frac{d^2i}{dt^2} \qquad (15-3)$$

이 된다. 식 (15-2), (15-3)을 식 (15-1)에 대입하여 단순화하면

$$\frac{d^2i}{dt^2}+\frac{1}{RC}\frac{di}{dt}+\frac{1}{LC}i=\frac{1}{LC}I_i\sin\omega t$$

를 얻게 된다. $i(t)$에 대한 자연 응답과 강제 응답을 각각 $i_h(t)$와 $i_p(t)$라 하면,

$$\frac{d^2i_h}{dt^2}+\frac{1}{RC}\frac{di}{dt}+\frac{1}{LC}i=0 \qquad (15-4)$$

$$\frac{d^2i_p}{dt^2}+\frac{1}{RC}\frac{di_p}{dt}+\frac{1}{LC}i_p=\frac{1}{LC}I_i\sin\omega t$$

의 해를 각각 구하여 완전해

$$i(t)=i_h(t)+i_p(t)$$

를 구할 수 있다. 먼저, 자연 응답의 해를 $i_h=Ae^{st}$라 두고 식 (15-4)에 대입하여 정리하면

$$\left(s^2+\frac{1}{RC}s+\frac{1}{LC}\right)Ae^{st}=0$$

식을 얻게 되고 $i_h = Ae^{kt} \neq 0$을 만족하여야 하므로, 특성방정식

$$\left(s^2+\frac{R}{L}s+\frac{1}{LC}\right)=0$$

으로부터, 서로 다른 두 근을 얻게 된다:

$$s=-\frac{1}{2RC}\pm\sqrt{\left(\frac{1}{2RC}\right)^2-\frac{1}{LC}}=-\alpha\pm\sqrt{\alpha^2-\omega^2}$$

$$\alpha=\frac{1}{2RC},\quad \omega=\frac{1}{LC}$$

따라서 자연 응답은 다음과 같게 된다.

$$i_h = Ae^{s_1t}+Be^{s_2t}$$

이와 반면에, 강제 응답은

$$i_p = I_p\sin(\omega t+\theta)$$

임을 쉽게 알 수 가 있다. 따라서 코일에 흐르는 전류는

$$i = Ae^{s_1t}+Be^{s_2t}+I_p\sin(\omega t+\theta)$$

이 된다. 한편, 코일의 전압은 전류-전압관계식

$$v_o = L\frac{di}{dt}$$

으로부터 구할 수 있다.

$$v_o = s_1Ae^{s_1t}+s_2Be^{s_2t}+\omega I_p\sin(\omega t+\theta)=A_1e^{s_1t}+A_2e^{s_2t}+V_p\sin(\omega t+\theta)$$

결과적으로 계단입력에 대한 완전해는 다음과 같다:

❶ $\left(\frac{1}{2RC}\right)^2 > \frac{1}{LC}$ 일 때 서로 다른 두 실근(과도 감쇄):

$$i = I_o+Ae^{s_1t}+Be^{s_2t}+I_p\sin(\omega t+\theta)$$

❷ $\left(\frac{1}{2RC}\right)^2 = \frac{1}{LC}$ 일 때 중근(임계 감쇄):

$$i = I_o+(At+B)e^{s_1t}+I_p\sin(\omega t+\theta)$$

❸ $\left(\frac{1}{2RC}\right)^2 < \frac{1}{LC}$ 일 때 복소근(과소 감쇄):

$$i = I_o+Ae^{-\alpha t}\cos\beta t+Be^{-\alpha t}\sin\beta t+I_p\sin(\omega t+\theta)$$

예제 2

다음 R-L-C 병렬 회로에 1000 rad/s인 정현파가 공급되면, 저항 및 코일과 콘덴서에 걸리는 정상상태 전압 및 전류를 구하라. 페이저 관계를 다이어그램으로 나타내어 보라.

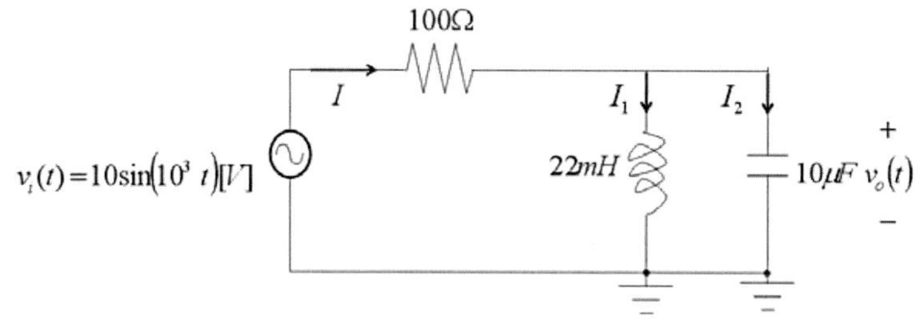

▌그림 15-5 R-L-C 병렬 회로 예제 2

풀이

코일의 임피던스는

$$j\omega L = j1\times 22 = j22$$

콘덴서의 임피던스는

$$-j\frac{1}{\omega C} = -j\frac{1}{1\times 10^3\times 10\times 10^{-6}} = -j100$$

따라서 전체 합성 임피던스는

$$Z = 100+\frac{j22\times(-j100)}{j22-j100} = 100+j28.205$$

따라서 임피던스는 유도성임을 알 수 있다.

저항에 흐르는 전류의 페이저

$$I = \frac{V}{Z} = \frac{10}{100+j28.205} = 0.096245\angle -15.751^\circ$$

코일에 흐르는 전류의 페이저

$$I_1 = I\times\frac{-j100}{j22-j100} = 0.1234\angle -15.751^\circ$$

콘덴서에 흐르는 전류의 페이저

$$I_2 = I\times\frac{j22}{j22-j100} = -0.0271\angle -15.751^\circ = 0.0271\angle 164.249^\circ$$

$$I = I_1 + I_2$$

$$V_R = IR = 9.6245\angle -15.751^\circ\,[V]$$

$$V_C = I_2 \times \frac{1}{j\omega C} = -j100 \times 0.0271\angle 164.249^\circ = 2.71\angle 74.249^\circ$$

$$V_L = I_1 \times j\omega L = j22 \times 0.1234\angle -15.751^\circ\,[V] = 2.71\angle 74.249^\circ$$

$$V = V_R + V_L = V_R + V_C$$

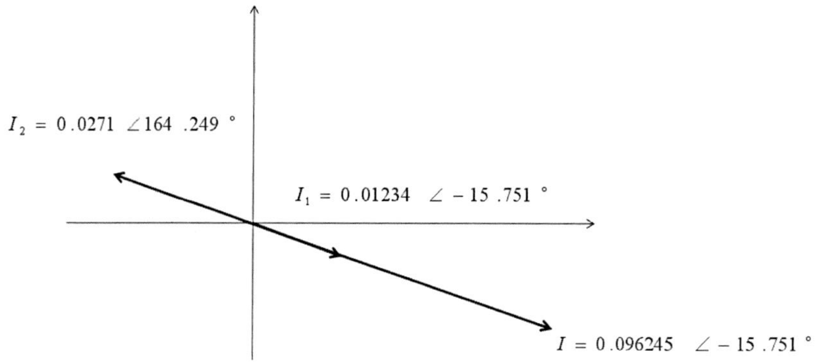

▌그림 15–6 전류 페이저 다이어그램

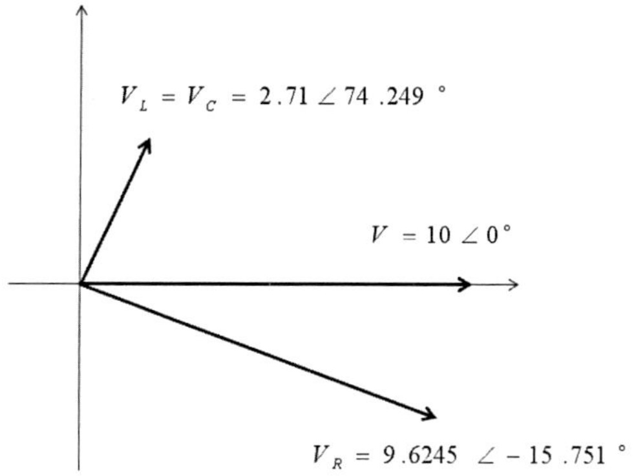

▌그림 15–7 전압 페이저 다이어그램

따라서 저항, 코일 및 콘덴서의 정상전류와 정상전압은 다음과 같다:

$$i(t) = 96.245\sin(1000t - 15.751^\circ)\ [\text{mA}]$$

$$i_1(t) = 123.4\sin(1000t - 15.751^\circ)\ [\text{mA}]$$

$$i_2(t) = 27.1\sin(1000t + 164.249^\circ)\ [\text{mA}]$$

$$v_R(t) = 9.6245\sin(1000t - 15.751^\circ)\,[V]$$

$$v_C(t) = 2.71\sin(1000t + 74.249^\circ)\,[V]$$

$$v_L(t) = 2.71\sin(1000t + 74.249^\circ)\,[V]$$

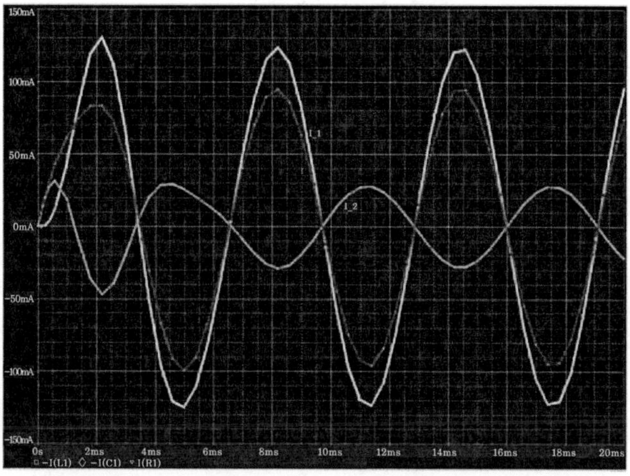

▌그림 15-8 시뮬레이션 결과(저항, 코일 및 콘덴서 전류파형)

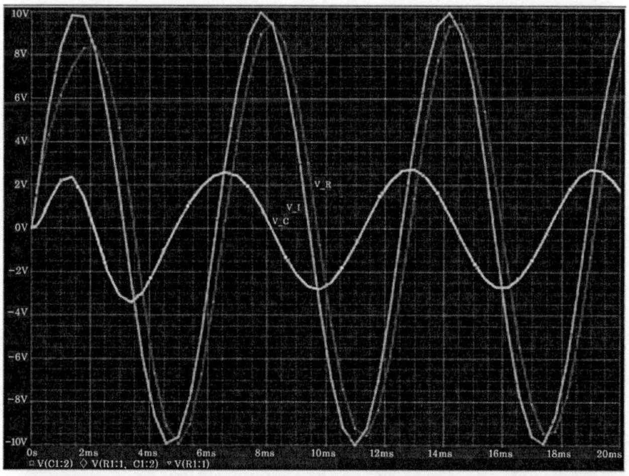

▌그림 15-9 시뮬레이션 결과(저항, 코일 및 콘덴서 전압파형)

시뮬레이션 결과로부터 알 수 있는 것은 초기에는 과도적 현상이 있으나 4주기 정도 지나면 정상상태 응답 특성을 갖는다. 위에서 페이저 해석으로 구한 파형들과 거의 일치함을 알 수 있다.

(3) R-L-C 직렬 회로의 구형파 응답

R-L-C 직렬 회로의 구형파 응답은 입력만 다를 뿐이지 그 해석방법과 동작 형태는 정현파 응답과 동일하다. 그림은 구형파 1kHz 교류 입력, 첨두간 전압 10V인가할 때, 저항값의 변화에 따른 감쇄를 나타낸다.

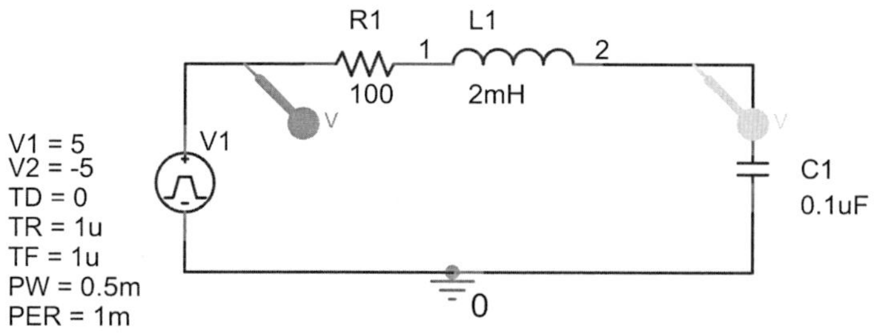

▌그림 15-10 구형파 응답: 부족 제동

❶ $R=100\Omega$; 부족 제동

특성방정식 $s^2+\frac{R}{L}s+\frac{1}{LC}=0$로부터,

$$s=-\frac{R}{2L}\pm\sqrt{\left(\frac{R}{2L}\right)^2-\frac{1}{LC}}$$

$$=-\frac{1\times10^2}{2\times2\times10^{-3}}\pm\sqrt{\left(\frac{1\times10^2}{2\times2\times10^{-3}}\right)^2-\frac{1}{2\times10^{-3}\times10^{-7}}}$$

$$=-2.5\times10^4\pm\sqrt{(2.5\times10^4)^2-5\times10^9}$$

$$\simeq-2.5\times10^4\pm j6.614\times10^4$$

따라서 서로 다른 두 허근을 가지므로 부족 감쇄이다. 따라서 반 주기구간에 대한 충전 전압 방정식은 다음과 같다:

$$v_c(t)=30+Ae^{-2.5\times10^4t}\cos(6.614\times10^4t)+Be^{-2.5\times10^4t}\sin(6.614\times10^4t)$$

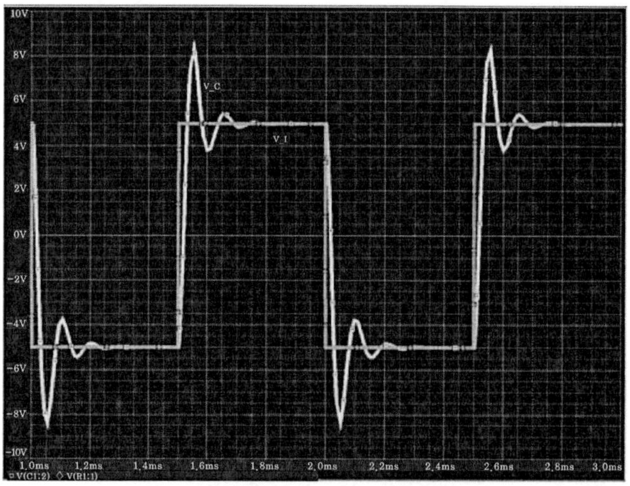

▌그림 15-11 시뮬레이션 결과(부족 제동)

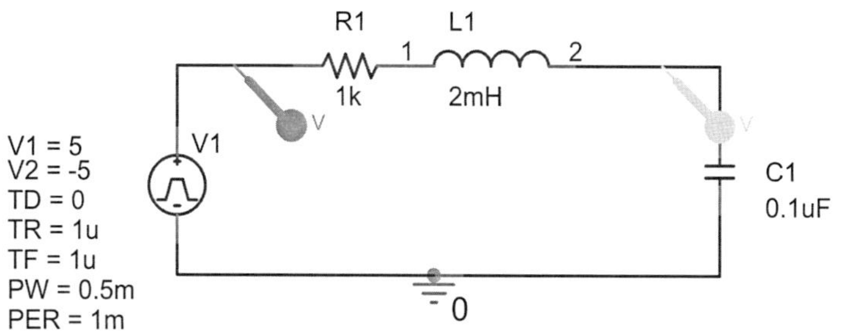

▌그림 15-12 구형파 응답과 제동

❷ $R = 1k\Omega$; 과 제동

특성방정식 $s^2 + \frac{R}{L}s + \frac{1}{LC} = 0$ 로부터,

$$
\begin{aligned}
s &= -\frac{R}{2L} \pm \sqrt{\left(\frac{R}{2L}\right)^2 - \frac{1}{LC}} \\
&= -\frac{1\times 10^3}{2\times 2\times 10^{-3}} \pm \sqrt{\left(\frac{1\times 10^3}{2\times 2\times 10^{-3}}\right)^2 - \frac{1}{2\times 10^{-3}\times 10^{-7}}} \\
&= -0.25\times 10^6 \pm \sqrt{(2.5\times 10^5)^2 - 5\times 10^9} \\
&\simeq -25\times 10^4 \pm 24\times 10^4 \\
&= -10^4, -4.9\times 10^5
\end{aligned}
$$

따라서 서로 다른 두 실근을 가지므로 과도 감쇄이다. 따라서 반 주기구간에 대하여 충전 전압 방정식은 다음과 같다:

$$v_c(t) = K_1 + Ae^{-10^4 t} + Be^{-4.9\times 10^5 t}$$

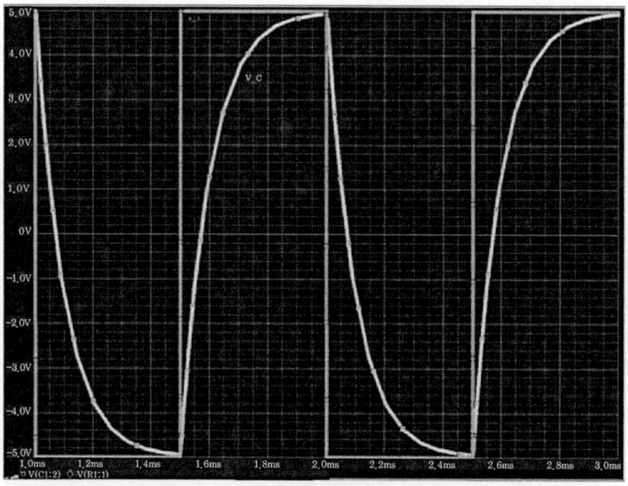

▌그림 15-13 시뮬레이션 결과(과 제동)

3 실험 기기 및 부품

(1) 저항 : $R = 100\Omega$, $1k\Omega$ 각 1개

(2) 콘덴서 : $C = 0.1\mu F$, $1\mu F$, $10\mu F$ 각 1개

(3) 코일 : $L = 22mH$ 1개

(4) 교류 함수 발생기 1대

(5) 오실로스코우프 1대

4 실험절차

(1) 그림 15-14의 회로를 구성하라. 입력신호는 $1000[Hz]$, 첨두치가 10[V]인 정현파 $v_i(t) = 10\sin(2\pi \times 1000t)[V]$를 인가하라.

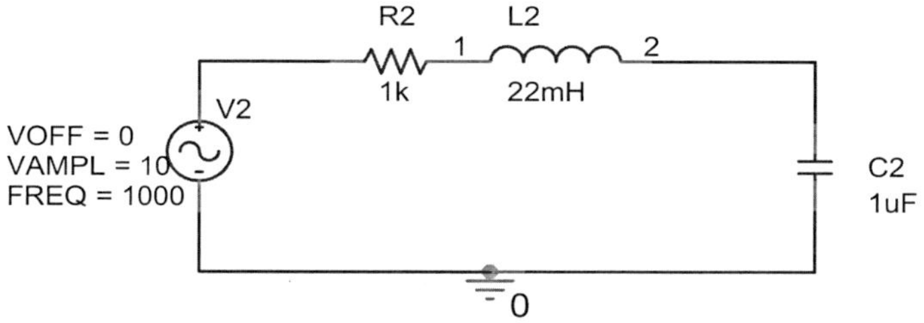

▌그림 15-14

(2) 입력 전압, 저항 전압 ,콘덴서 전압 및 코일 전압의 위상과 진폭을 비교 관찰하라.

(3) 입력 전압 $v_i(t)$, 저항 전압 $v_R(t)$, 콘덴서 전압 $v_C(t)$, 코일 전압 $v_L(t)$의 파형을 동일 그래프 축 상에 그려라.

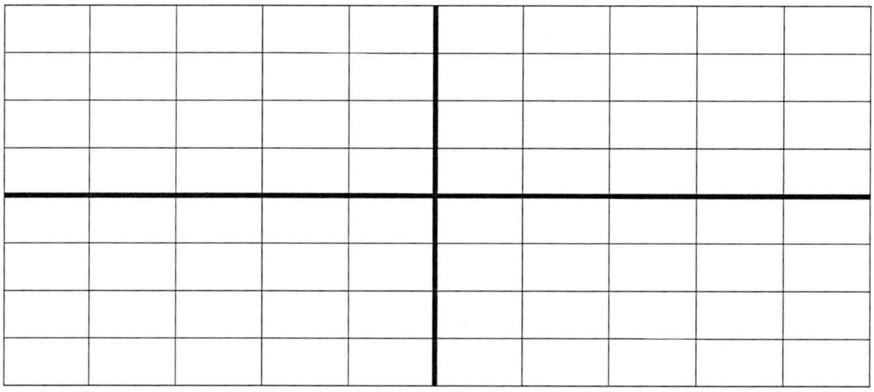

▌그림 15-15 입력 전압 $v_i(t)$, 저항 전압 $v_R(t)$ 및 콘덴서 전압 $v_C(t)$ 및 코일 전압 $v_L(t)$의 파형

(4) 입력 전압 $v_i(t)$, 저항 전압 $v_R(t)$ 및 콘덴서 전압 $v_C(t)$ 및 코일 전압 $v_L(t)$의 계산 결과와 측정 결과를 비교하라.

(5) 그림 15-16의 회로를 구성하라. 입력신호는 $\frac{1000}{2\pi}[Hz]$, 첨두치가 10[V]인 정현파 $v_i(t) = 10\sin(1000t)[V]$를 인가하라.

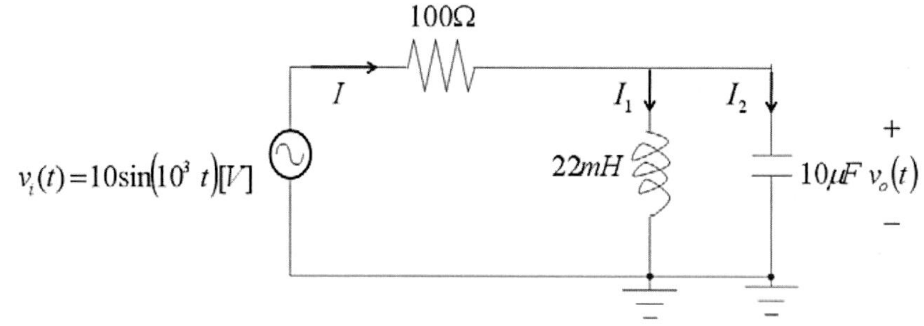

▌그림 15-16

(6) 입력 전류, 저항 전류 ,콘덴서 전류 및 코일 전류의 위상과 진폭을 비교 관찰하라.

(7) 입력 전류 $i_i(t)$, 저항 전류 $i_R(t)$, 콘덴서 전류 $i_C(t)$, 코일 전류 $i_L(t)$의 형을 동일 그래프 축 상에 그려라.

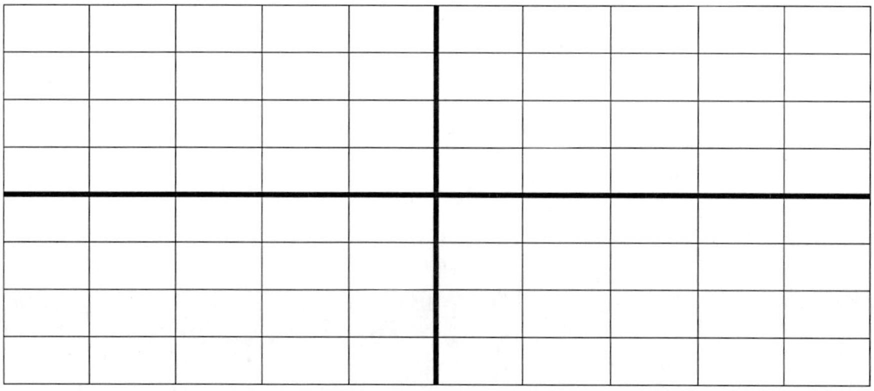

▌그림 15-17 입력 전류 $i_i(t)$, 저항 전류 $i_R(t)$, 콘덴서 전류 $i_C(t)$, 코일 전류 $i_L(t)$의 파형

(8) 입력 전압 $v_i(t)$, 저항 전압 $v_R(t)$ 및 콘덴서 전압 $v_C(t)$ 및 코일 전압 $v_L(t)$의 계산 결과와 측정 결과를 비교하라.

(9) 그림 15-18의 회로를 구성하라. 입력신호는 $1000[Hz]$, 첨두치가 10[V]인 구형파를 인가하라.

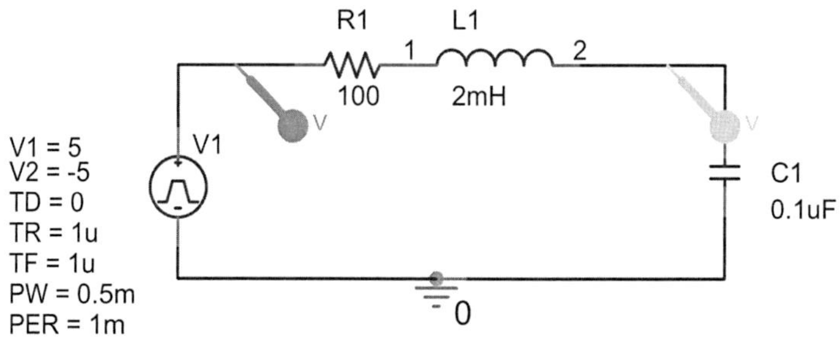

▌그림 15-18

(10) 입력 전압과 콘덴서 전압의 위상과 진폭을 비교 관찰하라.

(11) 입력 전압 $v_i(t)$, 콘덴서 전압 $v_C(t)$의 파형을 동일 그래프 축 상에 그려라. 부족 제동을 확인하라.

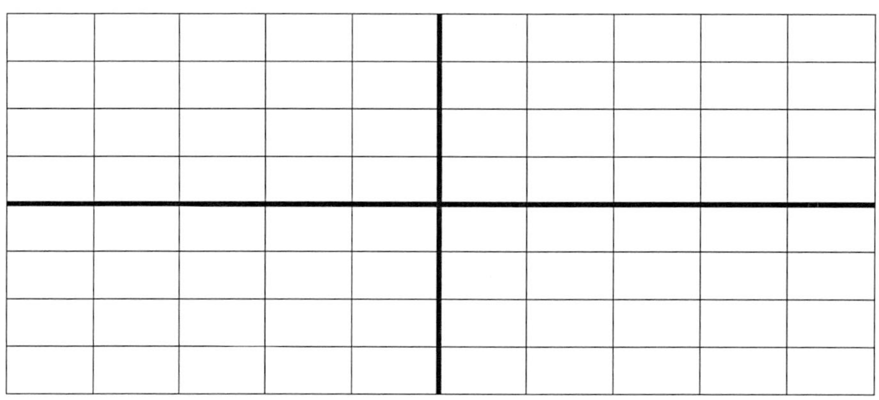

▌그림 15-19 입력 전압 $v_i(t)$과 콘덴서 전압 $v_C(t)$의 파형

(12) 그림 13-20의 회로를 구성하라. 입력신호는 $1000[Hz]$, 첨두치가 10[V]인 구형파를 인가하라.

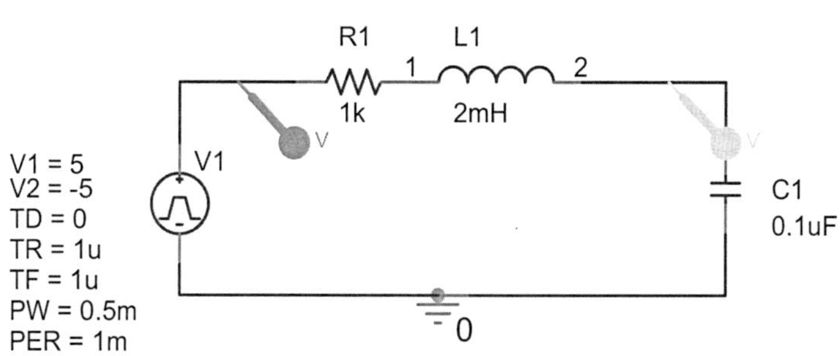

▌그림 15-20

(13) 입력 전압과 콘덴서 전압의 위상과 진폭을 비교 관찰하라.

공학도를 위한 기초 회로 실험

(14) 입력 전압 $v_i(t)$, 콘덴서 전압 $v_C(t)$의 파형을 동일 그래프 축 상에 그려라.
과 제동을 확인하라.

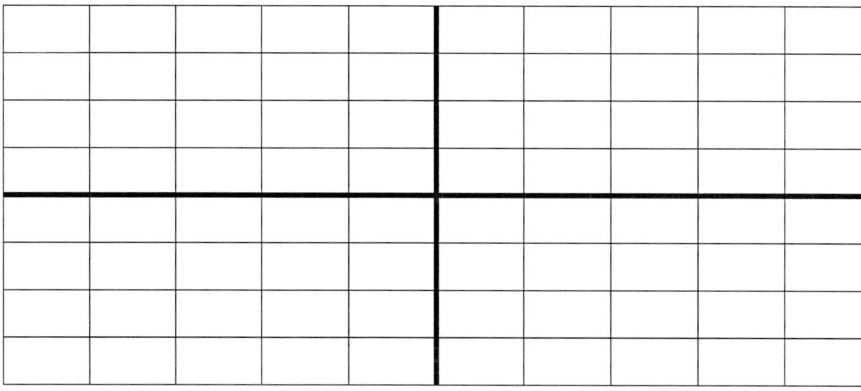

▌그림 15-21 입력 전압 $v_i(t)$과 콘덴서 전압 $v_C(t)$의 파형

실험 16 R-C 및 C-R 회로의 주파수 특성

1 개요

(1) R-C 저역 통과 필터의 주파수 응답 특성을 이해한다.

(2) C-R 고역 통과 필터의 주파수 응답 특성을 이해한다.

(3) 3dB 차단 주파수를 관찰한다.

2 관련 이론

(1) R-C 회로의 주파수 응답 특성

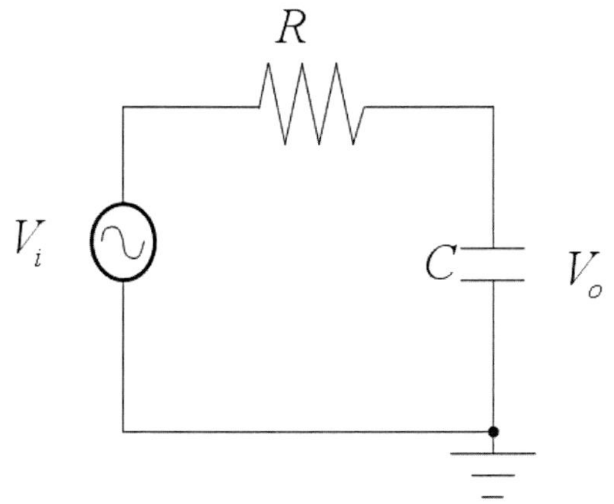

▌그림 16-1 R-C 회로

R-C 회로의 주파수 응답 특성은 다음과 같다 : 낮은 주파수에서는 진폭이 변화가 적고 주파수가 높아짐에 따라 진폭이 점차적으로 감소하게 된다. 따라서 저역통과 필터로 동작하게 된다. 복소수 전압 분배법칙에 의해

$$V_o = \frac{\frac{1}{j\omega C}}{R + \frac{1}{j\omega C}} V_i \angle 0 = \frac{1}{1 + j\omega CR} V_i \angle 0 = \frac{V_i}{\sqrt{1 + (\omega CR)^2}} \angle -\phi = V_{Cm} \angle -\phi$$

$$\phi = \tan^{-1}(\omega CR)$$

V_0 로부터

$$\frac{1}{\omega RC} = 1, \; f_{ch} = \frac{1}{2\pi RC}$$

이 될 때, $\dot{V}_o$의 진폭은

$$\dot{V}_o = \frac{V_i}{\sqrt{2}}$$

가 되고 콘덴서 출력 전력은 절반으로 줄어든다. 따라서 dB로 나타내면

$$\frac{P_o}{P_i} = 10\log\left(\frac{1}{2}\right) = -3[dB]$$

가 되기 때문에

$$f_c = \frac{1}{2\pi RC}$$

는 3dB 주파수 혹은 차단 주파수라고 부른다.

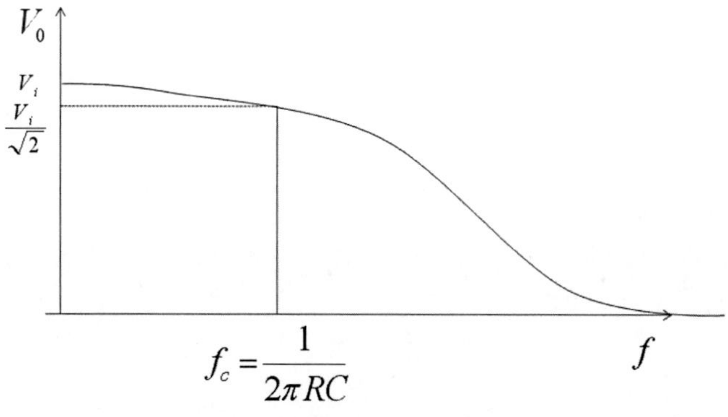

▌그림 16–2 R–C 저역 통과 필터 회로의 주파수 특성

예제 1

다음 R-C 저역 통과 필터 회로에서 입력 신호가 다음과 같을 때 출력의 파형은 각각 어떻게 되는가?

(1) $v_i(t) = 5\cos(10^3 t)$ [V]

(2) $v_i(t) = 5\cos(10^4 t)$ [V]

(3) $v_i(t) = 5\cos(10^5 t)$ [V]

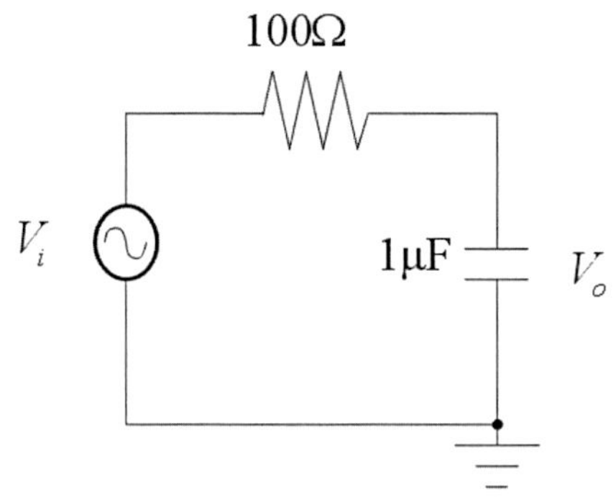

▌그림 16-3 R-C 저역 통과 필터 회로 예제 1

차단 주파수 $f_c = \frac{1}{2\pi RC} = \frac{1}{2\pi(100)(1\times 10^{-6})} = \frac{10^4}{2\pi} = 1.592kHz\,[\text{Hz}]$

$\omega = 10^3 rad/s$는 주파수가 $f = 0.1 f_c = \frac{10^3}{2\pi}$ 이며, 진폭과 위상의 변화는 각각

$$\frac{1}{\sqrt{1+(0.1)^2}} V_i = 0.995\,V_i,\ \ \phi = \tan^{-1}(0.1) = 5.71^\circ$$

$\omega = 10^4 rad/s$ 는 주파수가 $f = f_c = \frac{10^4}{2\pi}$ 이며, 진폭과 위상의 변화는 각각

$$\frac{1}{\sqrt{1+1}} V_i = 0.707\,V_i,\ \ \phi = \tan^{-1}(1) = 45^\circ$$

$\omega = 10^5 rad/s$ 는 주파수가 $f = 10 f_c = \frac{10^5}{2\pi}$ 이며, 진폭과 위상의 변화는 각각

$$\frac{1}{\sqrt{1+(10)^2}} V_i = 0.0995\,V_i,\ \ \phi = \tan^{-1}(10) = 84.29^\circ\ .$$

(1) $v_i(t) = 5\cos(10^3 t)$ [V] ➔ $v_0(t) = 0.995 \times 5\cos(10^3 t) = 4.975\cos(10^3 t - 5.71^\circ)$ [V]

phasor : $V_0 = 4.975\angle(-5.71^\circ) = 4.975e^{-j5.71^\circ}$

(2) $v_i(t) = 5\cos(10^4 t)$ [V] ➔ $v_0(t) = 0.707 \times 5\cos(10^3 t) = 3.535\cos(10^3 t - 45^\circ)$ [V]

phasor : $V_0 = 3.535\angle(-45^\circ) = 3.535e^{-j45^\circ}$

(3) $v_i(t) = 5\cos(10^5 t)$ [V] ➔ $v_0(t) = 0.995 \times 5\cos(10^3 t) = 0.4975\cos(10^3 t - 84.29^\circ)$ [V]

phasor : $V_0 = 0.04975 \angle(-84.29^\circ) = 0.4975e^{-j84.291^\circ}$

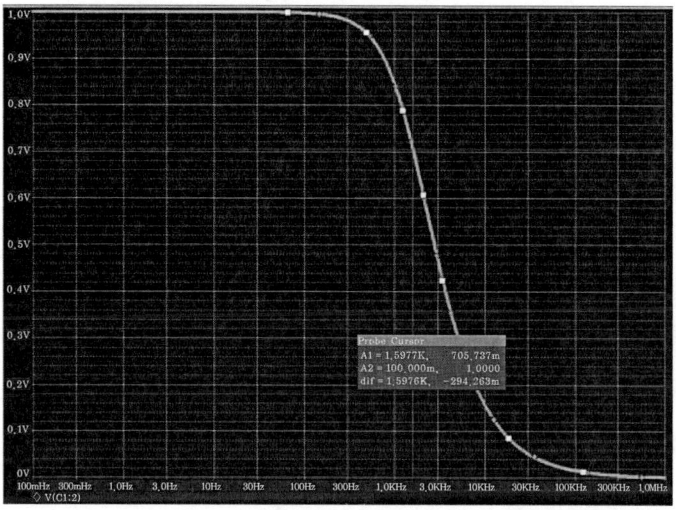

▌그림 16–4 R–C 저역 통과 필터 시뮬레이션 결과(예제 1)

예제 2

다음 회로에서 $1\,kHz$ 일 때, 입력 및 출력의 위상과 진폭을 구하라.

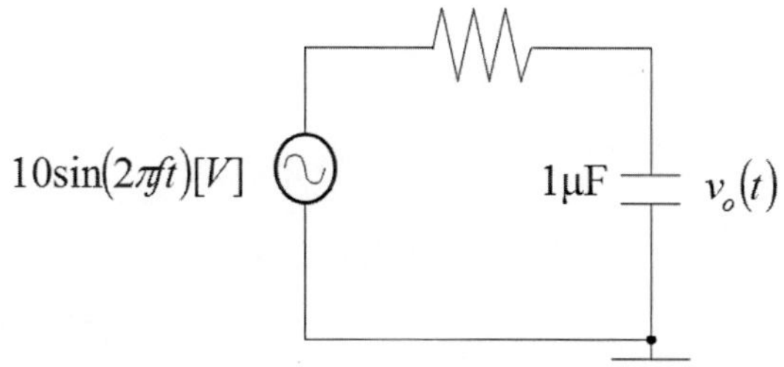

▌그림 16–5 R–C 저역 통과 필터 예제 2

$$\therefore V_o = \frac{10}{\sqrt{1+(0.2\pi)^2}} \angle -\phi \simeq 8.469 \angle -\phi$$

$$\phi = \tan^{-1}(2000\pi \times 10^{-4}) = \tan^{-1}(0.2\pi) \simeq 32.129^\circ$$

공학도를 위한 기초 회로 실험

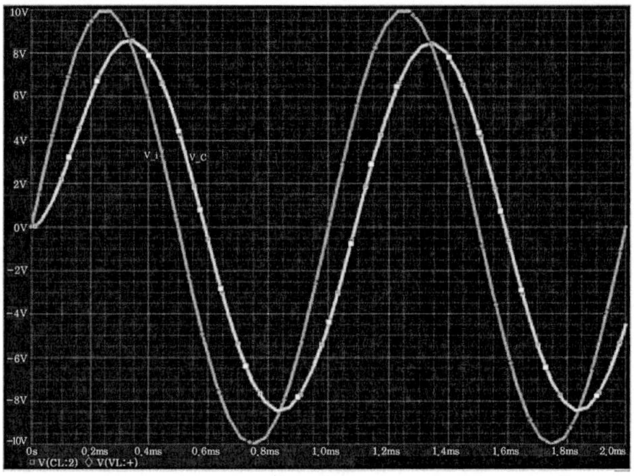

▌그림 16-6 예제 2의 시뮬레이션 결과

(2) C-R **회로의 주파수 응답 특성**

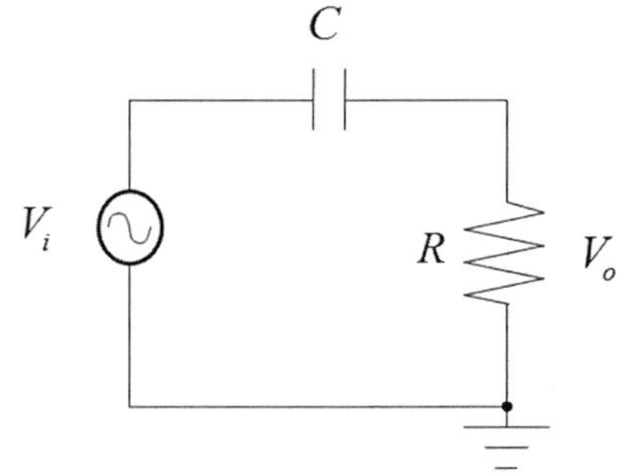

▌그림 16-7 C-R 회로

반대로, C-R 회로의 주파수 응답 특성은 다음과 같다 : 낮은 주파수로 갈수록 점차적으로 감소하게 되고 주파수가 높아짐에 따라 진폭의 변화가 적다. 따라서 고역통과 필터로 동작하게 된다.

$$\boldsymbol{V_0} = \frac{R}{R+\dfrac{1}{j\omega C}} V_i \angle 0 = \frac{j\omega C}{1+j\omega CR} V_i \angle 0$$

$$= \frac{\omega C}{\sqrt{1+(\omega CR)^2}} V_i \angle \left(\frac{\pi}{2} - \phi\right) \qquad , \quad \frac{\pi}{2} - \phi = \theta \geq 0$$

$$= \frac{\omega C}{\sqrt{1+(\omega CR)^2}} V_i \angle (\theta)$$

$\boldsymbol{V_0}$ 로 부터

$$\frac{1}{\omega RC} = 1, \quad f_{ch} = \frac{1}{2\pi RC}$$

공학도를 위한 기초 회로 실험

이 될 때, $\dot{V}_o$의 진폭은

$$\dot{V}_o = \frac{V_i}{\sqrt{2}}$$

가 되고 콘덴서 출력 전력은 절반으로 줄어든다. 즉, $f_{ch} = \dfrac{1}{2\pi RC}$는 3dB 주파수이다.

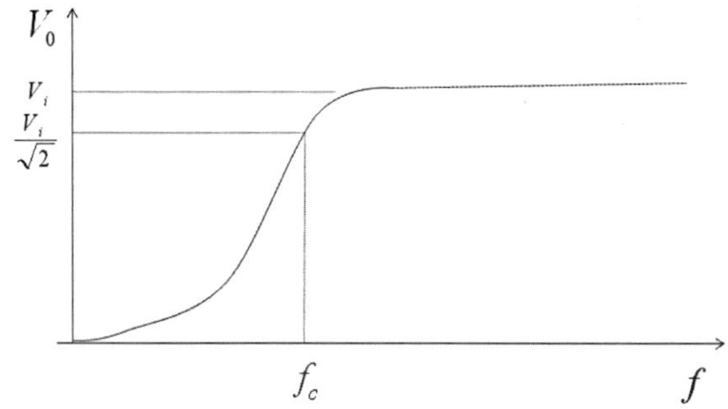

▌그림 16-8 C-R 고역 통과 필터 회로의 주파수 특성

예제 3

다음 C-R 고역 통과 필터 회로의 주파수 특성을 관찰하라.

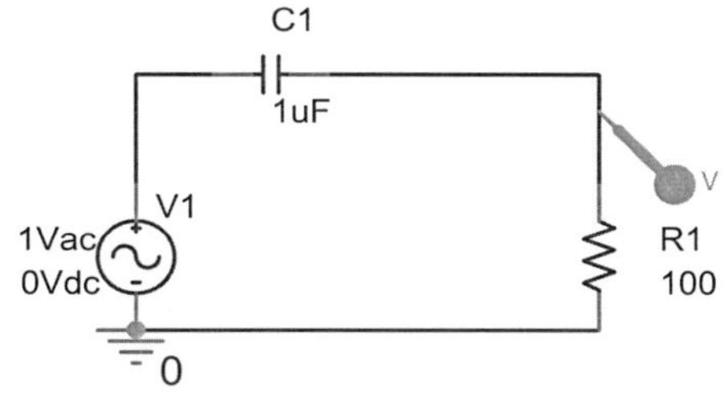

▌그림 16-9 C-R 고역 통과 필터 회로 예제

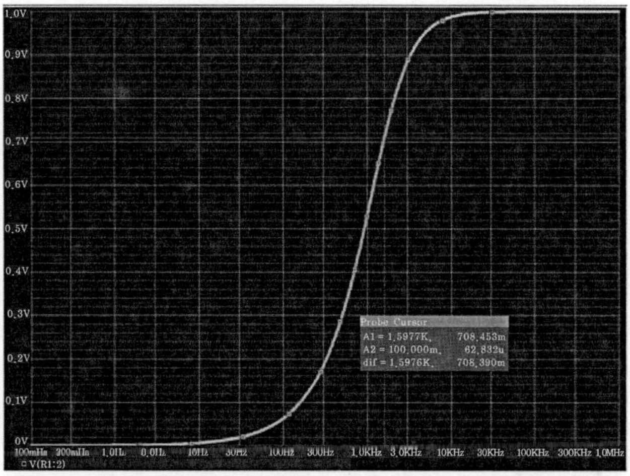

▌그림 16-10 C-R 고역 통과 필터 회로 예제 3의 시뮬레이션 결과

3 실험 기기 및 부품

(1) 저항 $R = 100\Omega$ 1개

(2) 콘덴서 : $C = 1\mu F$ 1개

(3) 오실로스코우프 1대

(4) 교류신호 발생기 1대

4 실험절차

(1) 그림 16-11의 회로를 구성하라. 진폭 1[V] 정현파 입력을 인가하고, 주파수를 저주파수에서부터 고주파수로 점차적으로 증가시켜라. 최대 출력 전압의 $\frac{1}{\sqrt{2}} = 0.707$배 되는 시점에서 주파수 f_c를 읽어라. f_c를 표 16-1에 기록하라. 주파수 특성을 관찰하라. 저역 통과 필터로 동작 하는가?

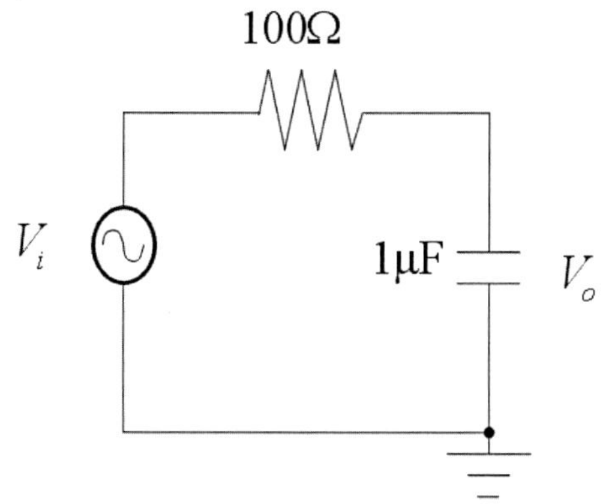

▌그림 16-11

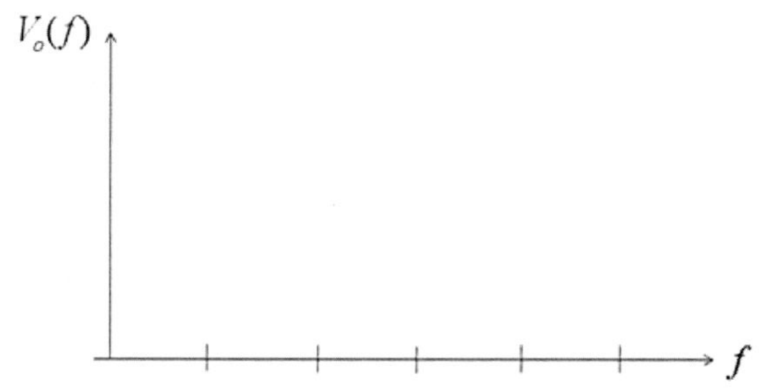

▌그림 16-12 R-C 저역 통과 필터의 주파수 특성

(2) 그림 16-13의 회로를 구성하라. 진폭 1[V] 정현파 입력을 인가하고, 주파수를 저주파수에서부터 고주파수로 점차적으로 증가시켜라. 최대 출력 전압의 $\frac{1}{\sqrt{2}} = 0.707$배 되는 시점에서 주파수 f_c를 읽어라. f_c를 표 16-1에 기록하라. 주파수 특성을 관찰하라. 고역 통과 필터로 동작하는가?

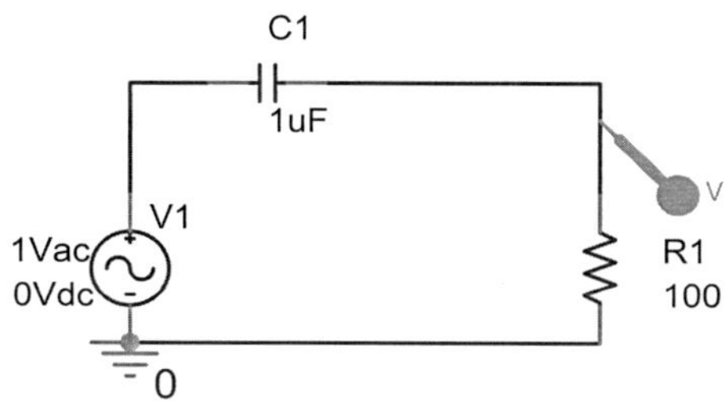

그림 16-13

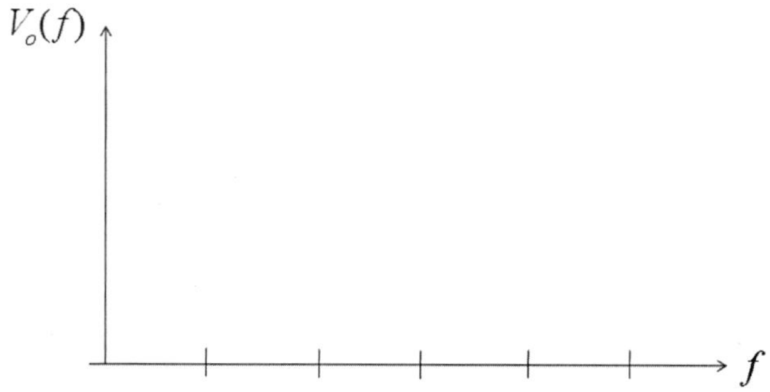

그림 16-14 C-R 고역 통과 필터의 주파수 특성

표 16-1 차단 주파수 f_c 비교

case	차단 주파수 f_c(계산치)	차단 주파수 f_c(측정치)
(1)		
(2)		

실험 17 R-L 및 L-R 회로의 주파수 특성

1 개요

(1) R-L 고역 통과 필터의 주파수 응답 특성을 이해한다.

(2) L-R 저역 통과 필터의 주파수 응답 특성을 이해한다.

(3) 3dB 차단 주파수를 관찰한다.

2 관련 이론

(1) R-L 회로의 주파수 응답 특성

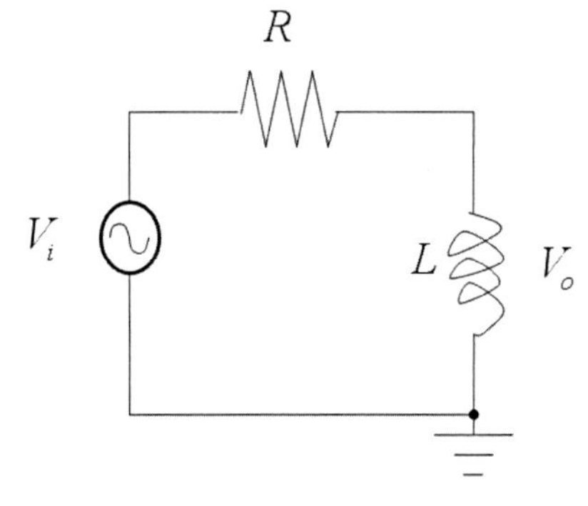

▌그림 17-1 R-L 회로의 주파수 응답 특성

$$\boldsymbol{V_o} = \frac{j\omega L}{R + j\omega L} V_i \angle 0 = \frac{\omega L}{\sqrt{R^2 + (\omega L)^2}} V_i \angle \left(\frac{\pi}{2} - \phi\right) = V_{Lm} \angle (\theta)$$

$$\phi = \tan^{-1}\left(\frac{\omega L}{R}\right) \quad \frac{\pi}{2} - \phi = \theta \geq 0$$

$$\boldsymbol{V_R} = \frac{R}{R + j\omega L} V_i \angle 0 = \frac{R}{\sqrt{R^2 + (\omega L)^2}} V_i \angle -\phi = V_{Rm} \angle -\phi$$

따라서 코일에 걸리는 출력전압 V_0은 입력전압 V_i에 비해 위상이 $\frac{\pi}{2}-\phi=\theta \geq 0$만큼 위상이 앞선다. 즉, V_0와 V_i사이의 위상의 차는 $\theta=\frac{\pi}{2}-\phi=\frac{\pi}{2}-\tan^{-1}(\frac{\omega L}{R})$이다. 이와 반면에 저항에 걸리는 전압 V_R은 입력 전압보다는 $\phi=\tan^{-1}(\frac{\omega L}{R})$만큼 위상이 뒷서고, 코일 출력전압 V_0보다는 $\frac{\pi}{2}$ 만큼 위상이 뒷선다. 입력전압 V_i, 저항에 걸리는 전압 V_R과 코일의 출력 전압 V_0의 페이저 도는 그림 17-2와 같다:

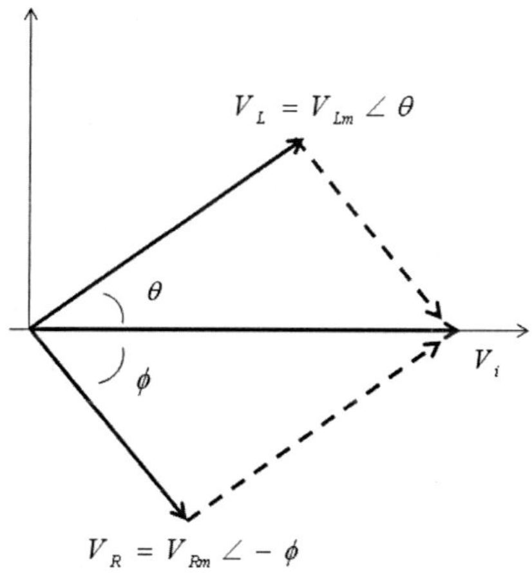

▌그림 17-2 입력전압 V_i, 저항에 걸리는 전압 V_R과 코일의 출력 전압 V_0의 페이저 도

R-L 회로의 주파수 응답 특성은 다음과 같다: 낮은 주파수에서는 진폭이 점차적으로 감소하게 되고 주파수가 높아짐에 따라 진폭이 변화가 적게 된다. 따라서 고역통과 필터로 동작하게 된다. 이때 차단 주파수f_c는 $f_c=\frac{R}{2\pi L}$가 된다.

$$V_o=\frac{\omega L}{\sqrt{R^2+(\omega L)^2}}V_i\angle\left(\frac{\pi}{2}-\phi\right)$$

로부터 $\omega L=R$이 될 때, 즉 차단 주파수 $f_c=\frac{R}{2\pi L}$에서 V_o의 진폭은 $V_o=\frac{V_i}{\sqrt{2}}$가 되고 코일의 출력 전력은 절반으로 줄어든다.

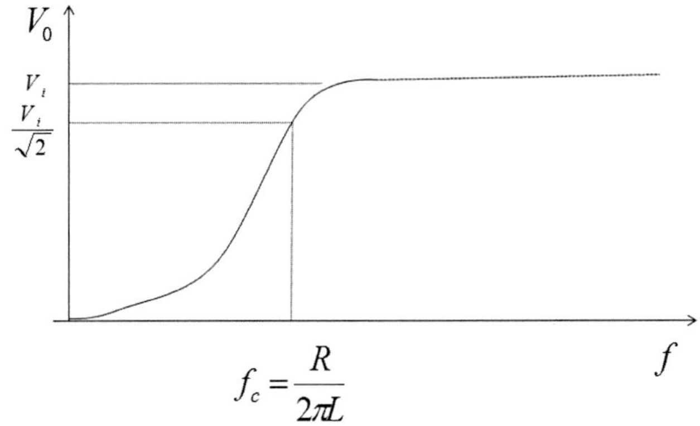

▌그림 17-3 R-L 회로의 주파수 특성: HPF

(2) L-R 회로의 주파수 응답 특성

반대로, L-R 회로의 주파수 응답 특성은 다음과 같다: 낮은 주파수로 갈수록 진폭의 변화가 적고, 주파수가 높아짐에 따라 점차적으로 감소하게 된다. 따라서 저역 통과 필터로 동작하게 된다. 이때 저역차단 주파수 f_c 는 $f_{cl} = \frac{R}{2\pi L}$ 가 된다.

$$V_0 = \frac{R}{R + j\omega L} V_i \angle 0 = \frac{R}{\sqrt{R^2 + (\omega L)^2}} V_i \angle -\phi$$

$R = \omega L$이 될 때, 즉 차단 주파수 $f_{cl} = \frac{R}{2\pi L}$ 에서 V_o의 진폭은 $V_o = \frac{V_i}{\sqrt{2}}$ 가 되고 코일 출력 전력은 절반으로 줄어든다.

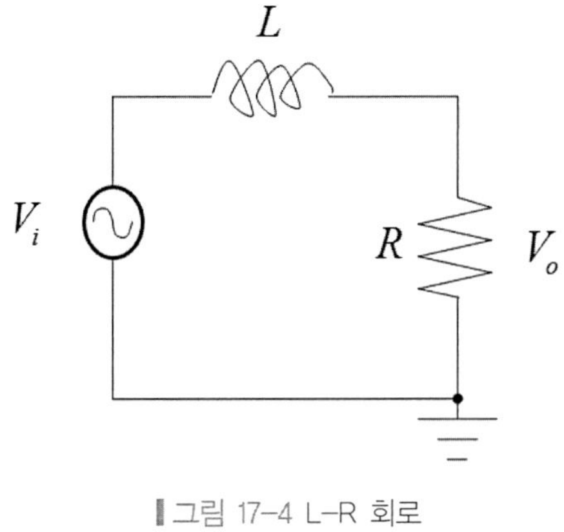

▌그림 17-4 L-R 회로

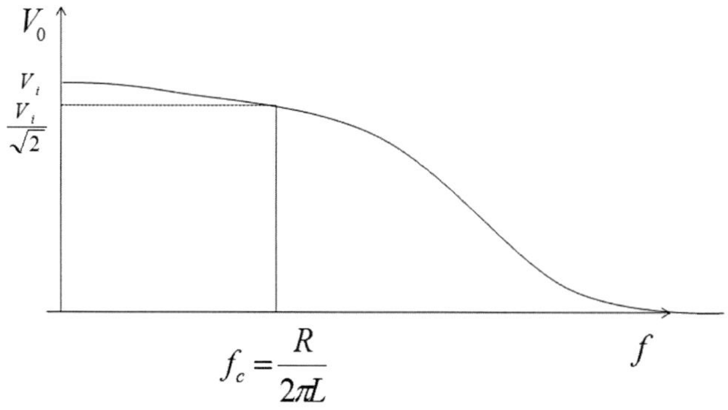

▌그림 17–5 L–R 회로의 주파수 특성 : LPF

예제 1

다음 R–L 고역 통과 필터 회로에서 입력 신호가 다음과 같을 때 출력의 파형은 각각 어떻게 되는가?

(1) $v_i(t) = 5\cos(10^3 t)$ [V]

(1) $v_i(t) = 5\cos(10^7 t)$ [V]

(2) $v_i(t) = 5\cos(10^8 t)$ [V]

(3) $v_i(t) = 5\cos(10^9 t)$ [V]

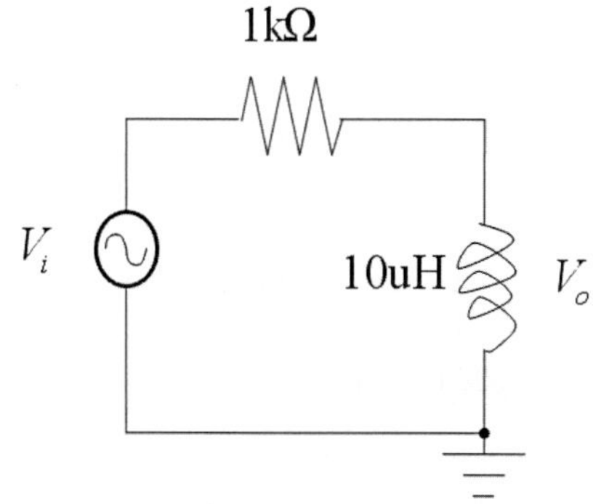

▌그림 17–6 R–L 고역 통과 필터 회로 예제 1

고역차단 주파수 f_c는 $f_d = \frac{R}{2\pi L} = \frac{10^3}{2\pi \times 10 \times 10^{-6}} = \frac{10^8}{2\pi}$가 된다.

$$\boldsymbol{V_o} = \frac{j\omega L}{R + j\omega L} V_i \angle 0 = \frac{\omega L}{\sqrt{R^2 + (\omega L)^2}} V_i \angle \left(\frac{\pi}{2} - \phi\right)$$

$$\frac{\pi}{2} - \phi = \theta \geq 0 \quad \phi = \tan^{-1}\left(\frac{\omega L}{R}\right)$$

공학도를 위한 기초 회로 실험

$\omega L = R$ 이 될 때, 즉 차단 주파수 $f_d = \frac{R}{2\pi L}$ 에서 $\boldsymbol{V_o}$의 진폭은 $\boldsymbol{V_o} = \frac{V_i}{\sqrt{2}}$, 따라서 주파수가 각각 $10^{-5}f_c$, $0.1f_c$, f_c, 및 $10f_c$ 일때의 출력전압의 진폭은 각각 $\frac{10^{-5}}{\sqrt{1+(10^{-5})^2}}V_i \simeq 0$, $\frac{0.1}{\sqrt{1+(0.1)^2}}V_i = 0.0995\,V_i$, $\frac{1}{\sqrt{1+1}}V_i = 0.707\,V_i$, $\frac{10}{\sqrt{1+(10)^2}}V_i = 0.995\,V_i$ 이다. 한편

$\phi = \tan^{-1}(10^{-5}) \simeq 0^\circ$, $\phi = \tan^{-1}(0.1) = 5.71^\circ$, $\tan^{-1}(1) = 45^\circ$, $\tan^{-1}(10) = 84.29^\circ$ 이다. 따라서

(1) $v_i(t) = 5\cos(10^3 t)$ [V] 경우 $v_0(t) \simeq 0$

(2) $v_i(t) = 5\cos(10^7 t)$ [V] 경우

$v_0(t) = 0.0995 \times 5\cos(10^7 t) = 0.4975\cos(10^3 t + 90^\circ - 5.71^\circ) = 0.4975\cos(10^3 t + 84.29^\circ)$ [V]

$\boldsymbol{V_0} = 0.495 \angle 84.29^\circ$

(3) $v_i(t) = 5\cos(10^8 t)$ [V] 경우

$v_0(t) = 0.707 \times 5\cos(10^8 t) = 3.535\cos(10^8 t + 90^\circ - 45^\circ) \equiv 3.535\cos(10^8 t + 45^\circ)$ [V]

$\boldsymbol{V_0} = 3.535 \angle 45^\circ$

(4) $v_i(t) = 5\cos(10^9 t)$ [V] 경우

$v_0(t) = 0.995 \times 5\cos(10^9 t) = 4.975\cos(10^9 t + 90^\circ - 84.29^\circ) \equiv 4.975\cos(10^9 t + 5.71^\circ)$ [V]

$\boldsymbol{V_0} = 4.975 \angle 5.71^\circ$

예제 2

다음 L-R 저역 통과 필터 회로에서 입력 신호가 다음과 같을 때 출력의 파형은 각각 어떻게 되는가?

(1) $v_i(t) = 5\cos(10^3 t)$ [V]

(2) $v_i(t) = 5\cos(10^7 t)$ [V]

(3) $v_i(t) = 5\cos(10^8 t)$ [V]

(4) $v_i(t) = 5\cos(10^9 t)$ [V]

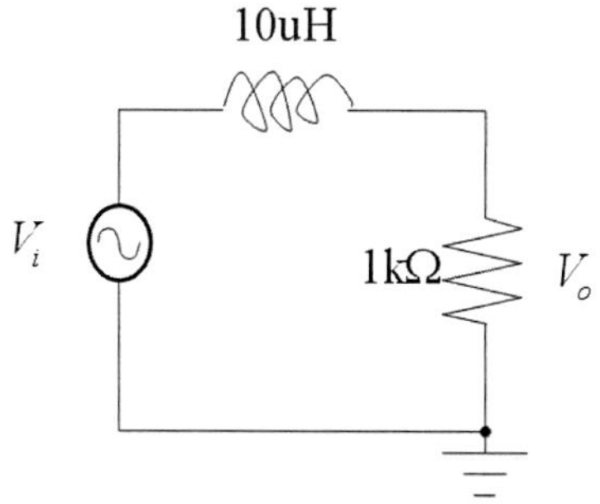

▌그림 17-7 L-R 저역 통과 필터(LPF) 회로 예제 2

$$\boldsymbol{V_R} = \frac{R}{R + j\omega L} V_i \angle 0 = \frac{R}{\sqrt{R^2 + (\omega L)^2}} V_i \angle -\phi$$

고역차단 주파수 f_c는 $f_d = \dfrac{R}{2\pi L} = \dfrac{10^3}{2\pi \times 10 \times 10^{-6}} = \dfrac{10^8}{2\pi} \cong 15.92\,MHz$가 된다.

$$\phi = \tan^{-1}\left(\frac{\omega L}{R}\right)$$

$\omega L = R$ 이 될 때, 즉 차단 주파수 $f_d = \dfrac{R}{2\pi L}$에서 $\boldsymbol{V_o}$의 진폭은 $\boldsymbol{V_o} = \dfrac{V_i}{\sqrt{2}}$, 따라서 다음 각 주파수 $10^{-5} f_c$, $0.1 f_c$, f_c, $10 f_c$에서 출력 전압의 진폭은 각각 $\dfrac{1}{\sqrt{1+(10^{-5})^2}} V_i \simeq V_i$, $\dfrac{1}{\sqrt{1+(0.1)^2}} V_i = 0.995\,V_i$, $\dfrac{1}{\sqrt{1+1}} V_i = 0.707\,V_i$, $\dfrac{1}{\sqrt{1+10^2}} V_i = 0.0995\,V_i$ 이다. 입력전압과 저항에 걸리는 출력전압의 위상차는 $\phi = \tan^{-1}(10^{-5}) \simeq 0^\circ$, $\phi = \tan^{-1}(0.1) = 5.71^\circ$, $\tan^{-1}(1) = 45^\circ$, $\tan^{-1}(10) = 84.29^\circ$ 이다.

따라서

(1) $v_i(t) = 5\cos(10^3 t)$ [V] 경우 $v_0(t) \simeq 5\cos(10^3 t)$

$\boldsymbol{V_0} = 5 \angle 0^\circ$

(2) $v_i(t) = 5\cos(10^7 t)$ [V] 경우

$v_0(t) = 0.995 \times 5\cos(10^9 t - 5.71^\circ) = 4.975\cos(10^9 t - 5.71^\circ)$ [V]

$\boldsymbol{V_0} = 4.975 \angle -5.71^\circ$

(3) $v_i(t) = 5\cos(10^8 t)$ [V] 경우

$v_0(t) = 0.707 \times 5\cos(10^8 t - 45^\circ) = 3.535\cos(10^8 t - 45^\circ)$ [V]

$\boldsymbol{V_0} = 3.535 \angle -45^\circ$

(4) $v_i(t) = 5\cos(10^9 t)$ [V] 경우

$v_0(t) = 0.0995 \times 5\cos(10^7 t - 84.29^\circ) = 0.4975\cos(10^3 t - 84.29^\circ)$ [V]

$\boldsymbol{V_0} = 0.4975 \angle -84.29^\circ$

예제 3

다음 R-L 고역 통과 필터 회로의 주파수 특성을 관찰하라.

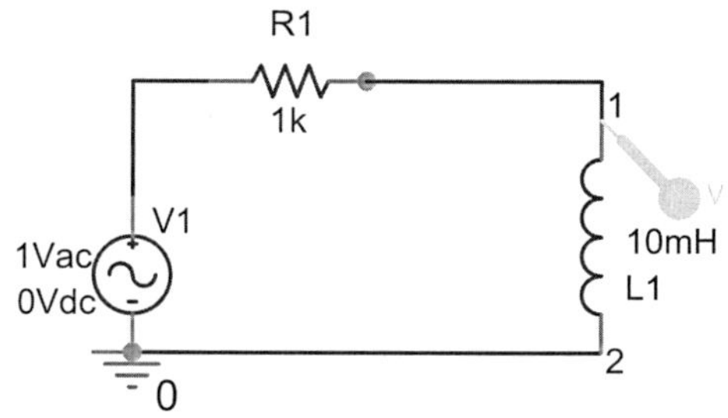

▌그림 17-8 R-L 고역 통과 필터 회로 예제 3

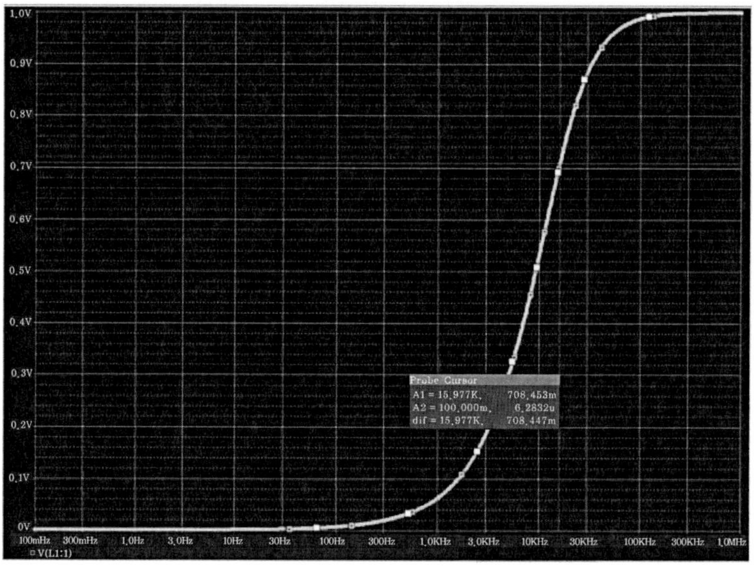

▌그림 17-9 주파수 특성(R-L 고역 통과 필터 회로 예제 2)

공학도를 위한 기초 회로 실험

예제 4

다음 L–R 저역 통과 필터 회로의 주파수 특성을 관찰하라.

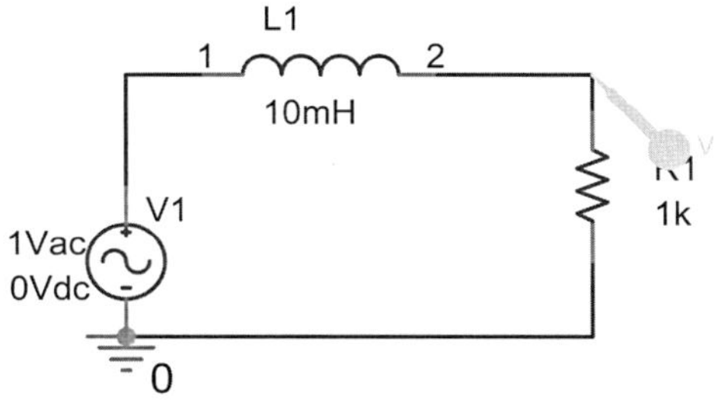

▌그림 17–10 L–R 저역 통과 필터 회로 예제 4

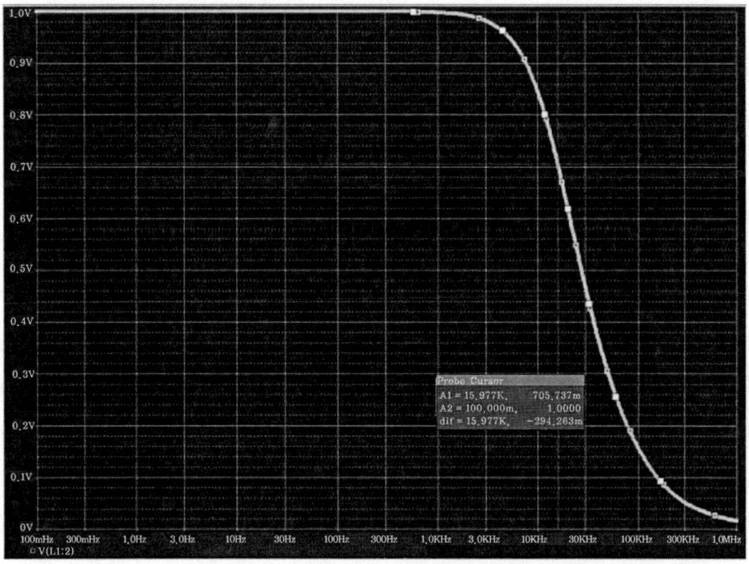

▌그림 17–11 주파수 특성(R–L 고역 통과 필터 회로 예제 4)

3 실험 기기 및 부품

(1) 저항 : $R = 1k\Omega$ 1개

(2) 콘덴서 : $L = 10mH$ 1개

(3) 오실로스코우프 1대

(4) 교류신호 발생기 1대

4 실험절차

(1) 그림 17-12의 회로를 구성하라.

진폭 1[V] 정현파 입력을 인가하고, 주파수를 저주파수에서부터 고주파수로 점차적으로 증가시켜라. 최대 출력 전압의 $\frac{1}{\sqrt{2}} = 0.707$배 되는 시점에서 주파수 f_c를 읽어라. f_c를 표 13-1에 기록하라. 주파수 특성을 관찰하라. 고역 통과 필터로 동작하는가?

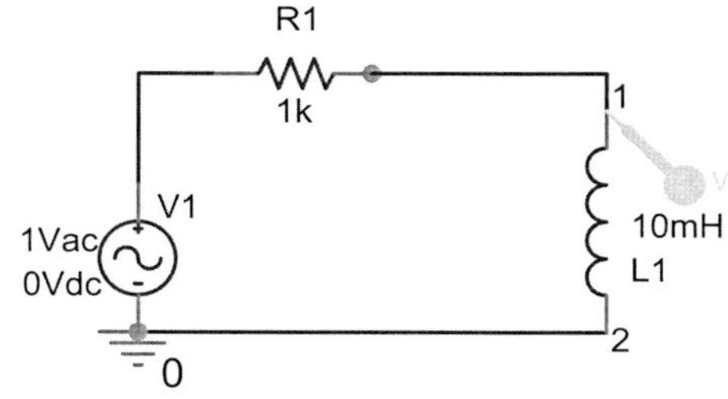

▍그림 17-12

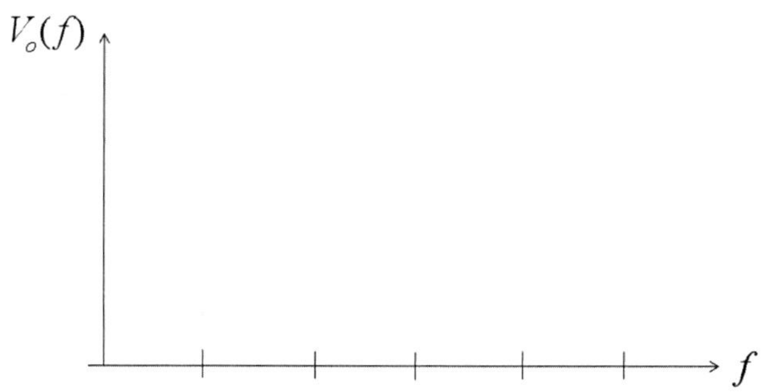

▍그림 17-13 R-L 고역 통과 필터의 주파수특성

(2) 그림 17-14의 회로를 구성하라. 진폭 1[V] 정현파 입력을 인가하고, 주파수를 저주파수에서부터 고주파수로 점차적으로 증가시켜라. 최대 출력 전압의 $\frac{1}{\sqrt{2}} = 0.707$배 되는 시점에서 주파수$f_c$를 읽어라. f_c를 표 13-1에 기록하라. 주파수 특성을 관찰하라. 저역 통과 필터로 동작 하는가?

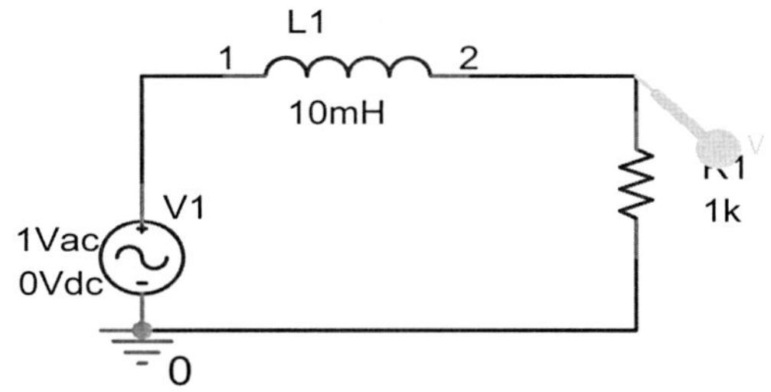

▌그림 17-14

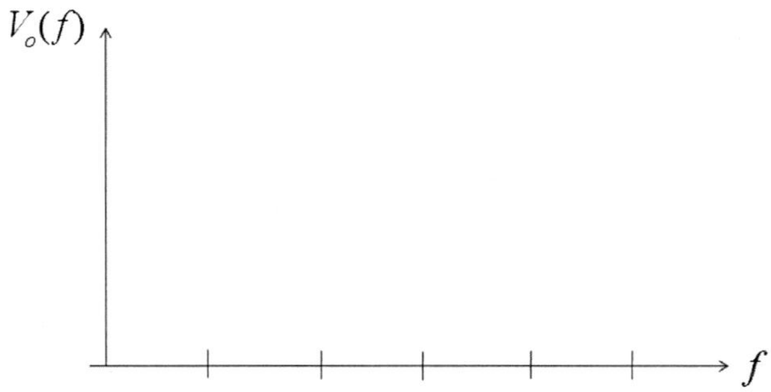

▌그림 17-15 L-R 저역 통과 필터의 주파수특성

▌표 17-1▌ 차단 주파수 f_c 비교

case	차단 주파수 f_c(계산치)	차단 주파수 f_c(측정치)
(1)		
(2)		

실험 18 R-L-C 직렬 회로의 주파수 특성

1 개요

(1) R-L-C 직렬 회로의 주파수 특성을 이해한다.

(2) 저항, 콘덴서 및 코일의 주파수 특성 및 필터의 형태를 각각 관찰한다.

2 관련 이론

(1) R-L-C 회로의 주파수 특성

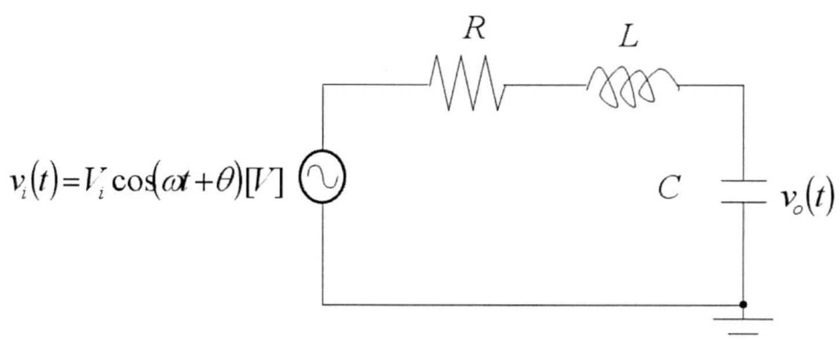

▌그림 18-1 R-L-C 직렬 회로

R-L-C 직렬 회로에 대하여 각주파수가 ω[rad/s]인 정현파 교류전압을 인가시 전류는 식 (18-1)과 같다.

$$\boldsymbol{I}=\frac{\boldsymbol{V}}{\boldsymbol{Z}}=\frac{\boldsymbol{V}}{R+j\left(\omega L-\frac{1}{\omega C}\right)} \tag{18-1}$$

식 (18-1)에서 $\left(\omega L-\frac{1}{\omega C}\right)=0$ 일 때 임피던스 $\boldsymbol{Z}$는 최소가 되고, 전류 $\boldsymbol{I}$는 최대가 된다. 결과적으로, 저항에 걸리는 전압 또한 역시 최대가 된다.

이러한 상태를 공진(resonance) 이라고 하고, 이때의 주파수를 공진 주파수라고 부른다.

공진 주파수를 구하면, $\left(\omega L - \frac{1}{\omega C}\right) = 0$ 로부터, 공진 각주파수는 $\omega_0 = \frac{1}{\sqrt{LC}}$ 이 되고, 공진 주파수는 $f_0 = \frac{1}{2\pi}\omega_0 = \frac{1}{2\pi\sqrt{LC}}$ 이 된다.

$$\boldsymbol{H}(j\omega) = \frac{\boldsymbol{V_R}}{\boldsymbol{V}} = \frac{R}{R + j\omega L + \frac{1}{j\omega C}} = \frac{j\omega CR}{j\omega CR - \omega^2 LC + 1} = \frac{j\frac{R}{L}\omega}{-\omega^2 + j\frac{R}{L}\omega + \frac{1}{LC}}$$

$$|\boldsymbol{H}(j\omega)| = \frac{\frac{R}{L}\omega}{\sqrt{\left(-\omega^2 + \frac{1}{LC}\right)^2 + \left(\frac{R}{L}\omega\right)^2}}$$

최대 조건은 $-\omega^2 + \frac{1}{LC} = 0$ 일 때 이므로 공진 주파수는

$$\omega_0 = \frac{1}{\sqrt{LC}}$$

이 된다. 전력이 반으로 줄어드는 3dB 차단 각주파수(angular frequency)를 구하여 보자. 전달 함수의 크기가 $\frac{1}{\sqrt{2}}$ 되는 각 주파수는

$$\frac{1}{\sqrt{2}} = \frac{\frac{R}{L}\omega}{\sqrt{\left(-\omega^2 + \frac{1}{LC}\right)^2 + \left(\frac{R}{L}\omega\right)^2}} = \frac{1}{\sqrt{\left(\frac{1}{RC\omega_c} - \frac{\omega_c L}{R}\right)^2 + 1}}$$

로부터

$$\pm 1 = \frac{1}{RC\omega_c} - \frac{\omega_c L}{R}$$

$$\omega_c^2 \pm \frac{R}{L}\omega_c - \frac{1}{LC} = 0$$

$$\omega_{c1} = -\frac{R}{2L} + \sqrt{\left(\frac{R}{2L}\right)^2 + \frac{1}{LC}},$$

$$\omega_{c2} = \frac{R}{2L} + \sqrt{\left(\frac{R}{2L}\right)^2 + \frac{1}{LC}}$$

를 얻게 된다. ω_{c1}, ω_{c2} 으로부터 중심주파수와 임계 주파수의 관계가 성립된다.

$$\omega_0 = \sqrt{\omega_{c1}\omega_{c2}}$$

중심 주파수ω_0는 임계 주파수 ω_{c1}, ω_{c2}의 기하평균임을 의미한다. 대역폭은 각각의 임계 주파수의 차로 정의하므로

$$BW_\omega = \omega_2 - \omega_1 = \frac{R}{L}$$

또한, 품질계수(quality factor)는 중심 주파수와 대역폭의 비로 정의한다:

$$Q = \frac{\omega_0}{BW_\omega} = \frac{f_0}{BW_f} = \frac{\frac{1}{\sqrt{LC}}}{\frac{R}{L}} = \frac{1}{R}\sqrt{\frac{L}{C}}$$

통신 공학에서는 $Q = \frac{\omega_0}{\omega_{c2} - \omega_{c1}}$를 대역 통과 필터의 선택도(selectivity)라고 부른다. 10보다 크면 선택도가 매우 좋다고 말한다. 직렬 공진이 성립하는 경우에는 다음관계가 성립된다:

$$\frac{\boldsymbol{V_R}}{\boldsymbol{V}} = \frac{j\frac{R}{L}\omega}{-\omega^2 + j\frac{R}{L}\omega + \frac{1}{LC}} = 1$$

$$\left|\frac{\boldsymbol{V_L}}{\boldsymbol{V}}\right| = \left|\frac{\boldsymbol{I_0}\,\omega_0 L}{\boldsymbol{I_0} R}\right| = \frac{1}{R}\sqrt{\frac{L}{C}}$$

$$\left|\frac{\boldsymbol{V_C}}{\boldsymbol{V}}\right| = \left|\frac{\boldsymbol{I_0}\frac{1}{\omega_0 C}}{\boldsymbol{I_0} R}\right| = \frac{1}{R}\sqrt{\frac{L}{C}}$$

따라서 품질계수는

$$Q = \left|\frac{\boldsymbol{V_L}}{\boldsymbol{V}}\right| = \left|\frac{\boldsymbol{V_C}}{\boldsymbol{V}}\right| = \frac{1}{R}\sqrt{\frac{L}{C}}$$

이 성립하므로 $|\boldsymbol{V_C}| = Q|\boldsymbol{V}|$가 된다. 즉, 공진시 동조콘덴서의 전압은 입력 전압의 Q배가 된다. 차단 주파수를 품질계수와 공진 주파수로 표현하면 다음과 같다:

$$\omega_{c1} = \omega_0\left(-\frac{1}{2Q} + \sqrt{\left(\frac{1}{2Q}\right)^2 + 1}\right)$$

$$\omega_{c2} = \omega_0\left(\frac{1}{2Q} + \sqrt{\left(\frac{1}{2Q}\right)^2 + 1}\right)$$

일반 변수를 사용하여 전달 함수를 다시 표현하면,

$$\frac{\boldsymbol{V_R}}{\boldsymbol{V}} = \frac{R}{R + j\omega L + \frac{1}{j\omega C}}$$

$$= \frac{j\omega CR}{j\omega CR - \omega^2 LC + 1}$$

$$= \frac{\frac{R}{L}s}{s^2 + \frac{R}{L}s + \frac{1}{LC}}$$

한편, 코일의 전압은 다음과 같이 된다:

$$\frac{\boldsymbol{V_L}}{\boldsymbol{V}} = \frac{j\omega L}{R + j\omega L + \frac{1}{j\omega C}} = \frac{-\omega^2 LC}{j\omega CR - \omega^2 LC + 1} = \frac{s^2}{s^2 + \frac{R}{L}s + \frac{1}{LC}}$$

즉, 2차 고역 통과 필터(HPF)로 동작한다. 반면에 콘덴서의 출력은

$$\frac{\boldsymbol{V_C}}{\boldsymbol{V}} = \frac{\frac{1}{j\omega C}}{R + j\omega L + \frac{1}{j\omega C}} = \frac{1}{j\omega CR - \omega^2 LC + 1} = \frac{\frac{1}{LC}}{s^2 + \frac{R}{L}s + \frac{1}{LC}}$$

가 되어 2차 저역 통과 필터(LPF)로 동작한다. 코일과 콘덴서의 합에 출력을 정하면

$$\frac{\boldsymbol{V_C} + \boldsymbol{V_L}}{\boldsymbol{V}} = \frac{j\omega L + \frac{1}{j\omega C}}{R + j\omega L + \frac{1}{j\omega C}} = \frac{1 - \omega^2 LC}{j\omega CR - \omega^2 LC + 1} = \frac{s^2 + \frac{1}{LC}}{s^2 + \frac{R}{L}s + \frac{1}{LC}}$$

가 되어 대역 저지 필터로 동작한다. 전체 페이저를 더하면,

$$\frac{\boldsymbol{V_R} + \boldsymbol{V_L} + \boldsymbol{V_C}}{\boldsymbol{V}} = \frac{R + j\omega L + \frac{1}{j\omega C}}{R + j\omega L + \frac{1}{j\omega C}} = 1$$

가 된다. 즉,

$$\boldsymbol{V} = \boldsymbol{V_R} + \boldsymbol{V_L} + \boldsymbol{V_C}$$

공급 전압의 페이저는 저항, 커패시터 및 코일에 대한 페이저의 합과 같음을 확인할 수 있다. 복소수 영역의 키르히호프 전압 법칙이 성립된다.

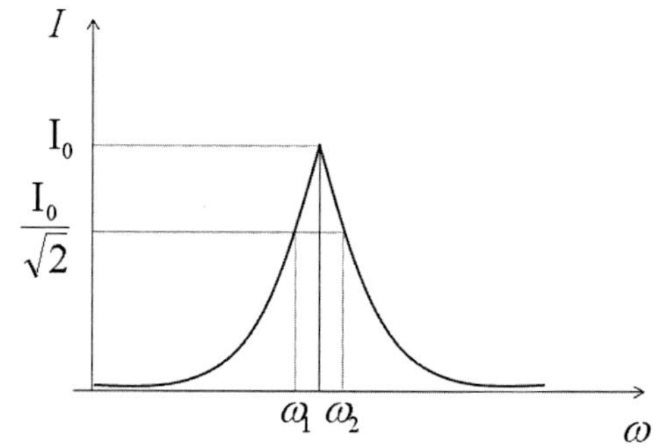

▌그림 18-2 직렬공진 전류곡선

직렬공진 회로는 그림 18-3과 같이 라디오 수신회로의 고주파 증폭 회로등에 사용되고 있다. 안테나를 통과하여 1차 코일에 유입되는 라디오 신호가 2차 코일에 전자유도(electronic induction) 되어 공진(resonance)조건에 부합되면, 동조 콘덴서의 출력전압이 2차 코일에 유도되는 전압의 Q배 만큼 증폭되어 나타난다.

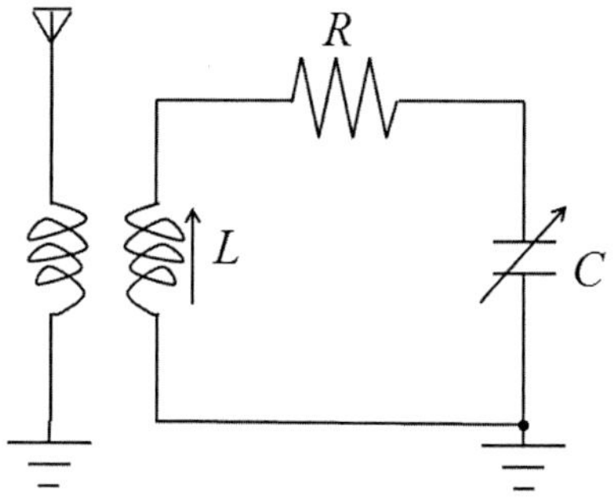

▌그림 18-3 직렬공진 회로

예제 1 대역 통과 필터

(1) 그림 18-4의 저항 소자의 주파수 특성을 살펴보라. 대역 통과 필터로 동작하는가?

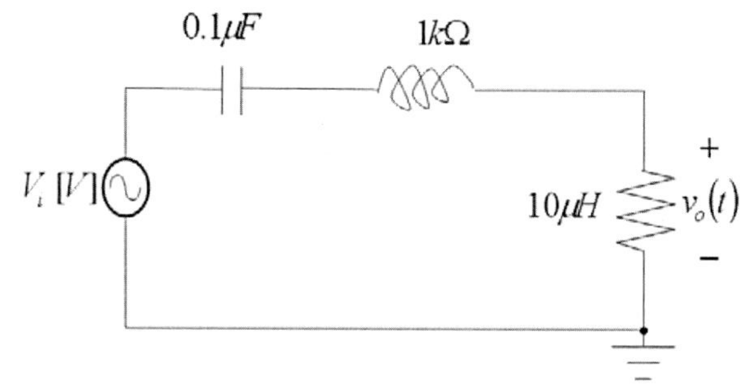

▌그림 18-4 대역 통과 필터

(a) $f_0 = \dfrac{1}{2\pi\sqrt{LC}} = \dfrac{1}{2\pi\sqrt{10\times10^{-6}\times0.1\times10^{-6}}} \simeq 159.24\,kHz$ [kHz]

(b) $\omega_{c1} = -\dfrac{10^3}{(2)(10\times10^{-6})} + \sqrt{\left(\dfrac{10^3}{(2)(10\times10^{-6})}\right)^2 + \dfrac{1}{(10\times10^{-6})(10^{-7})}}$,

$\simeq -0.5\times10^8 + 0.5\times10^8$

$= 0\,[rad/s]$

$\omega_{c2} = \dfrac{10^3}{(2)(10\times10^{-6})} + \sqrt{\left(\dfrac{10^3}{(2)(10\times10^{-6})}\right)^2 + \dfrac{1}{(10\times10^{-6})(10^{-7})}}$

$\simeq 10^8\,[rad/s]$

$\omega_{c2} - \omega_{c1} \simeq 10^5\,[rad/s]$

$\triangle f = \dfrac{\triangle\omega}{2\pi} = \dfrac{10^8}{2\pi} \simeq 15.9\,MHz$

(b) $Q = \dfrac{1}{R}\sqrt{\dfrac{L}{C}} = \dfrac{1}{1000}\sqrt{\dfrac{10\times10^{-6}}{0.1\times10^{-6}}} = 0.01$

(c) $V_C = QV = 0.01\times10 = 0.1\,[\mathrm{kV}]$

(d) $\triangle f = \dfrac{f_0}{Q} = \dfrac{159.24\times10^3}{0.01} \simeq 15.9\,MHz$

$Q = 0.01 < 0.5$ 선택도가 매우 낮다

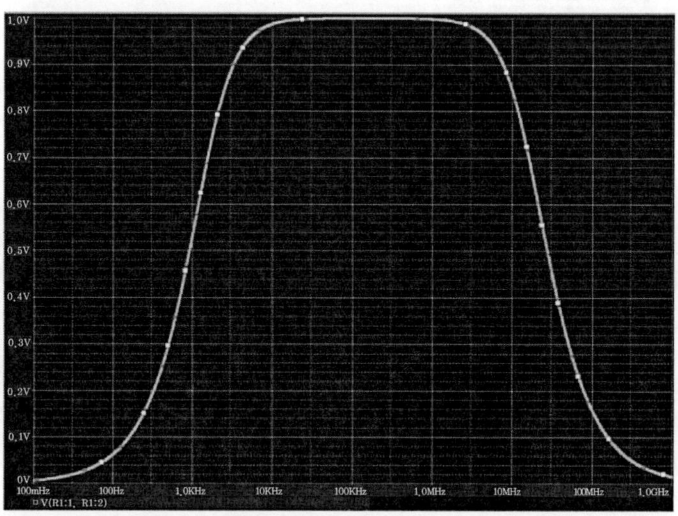

▌그림 18-5 저항에서의 주파수 응답 시뮬레이션

(2) 그림 18-6의 코일 소자의 주파수 특성을 살펴보라. 고역 통과 필터로 동작하는가?

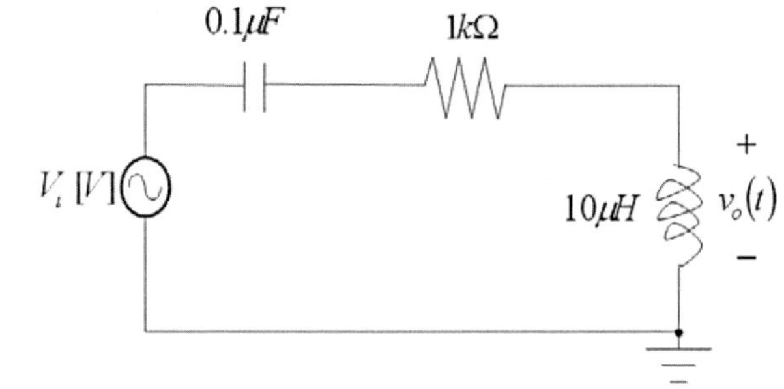

▌그림 18-6 고역 통과 필터

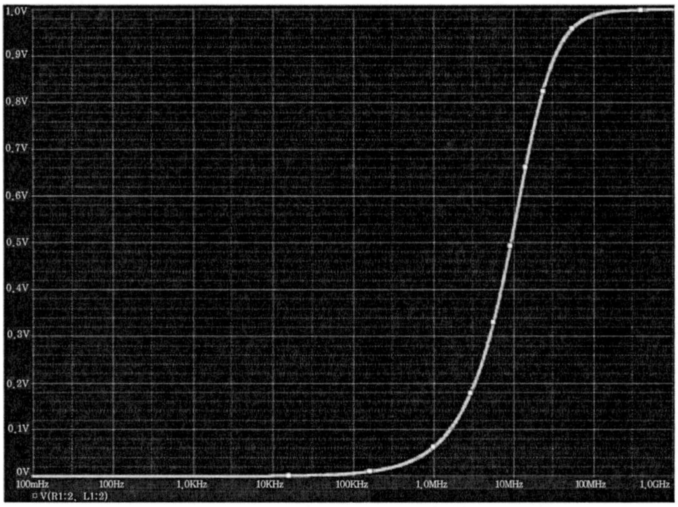

▌그림 18-7 코일에서의 주파수 응답 시뮬레이션

(3) 그림 18-8의 콘덴서 소자의 주파수 특성을 살펴보라. 저역 통과 필터로 동작하는가?

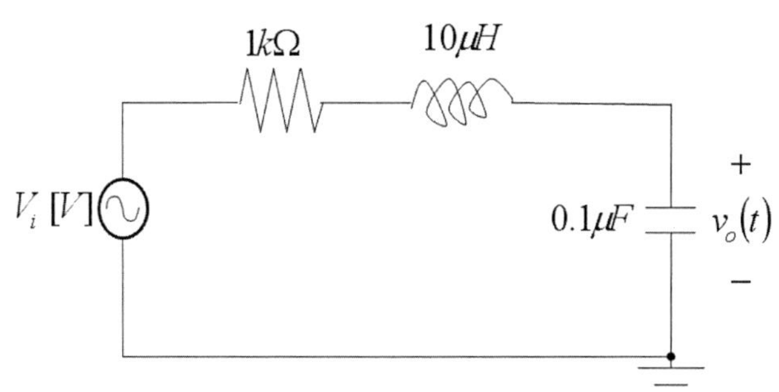

▌그림 18-8 저역 통과 필터

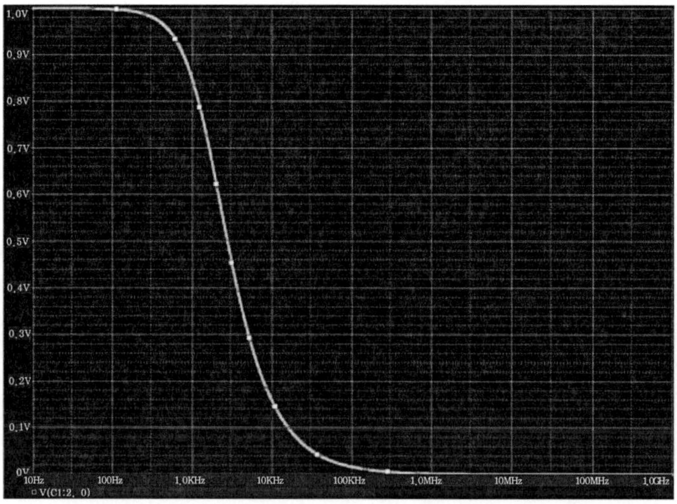

▌그림 18-9 콘덴서에서의 주파수 응답 시뮬레이션

3 실험 기기 및 부품

(1) 저항 : $R = 1k\Omega$ 1개

(2) 콘덴서 : $C = 0.1uF$ 1개

(3) 코일 ; $L = 10\mu H$ 1개

(4) 오실로스코우프 1대

(5) 교류신호 발생기 1대

4 실험절차

(1) 그림18-10의 회로를 구성하라.

진폭 1[V] 정현파 입력을 인가하고, 주파수를 저주파수에서부터 고주파수로 점차적으로 증가시켜라. 최대 출력 전압의 $\frac{1}{\sqrt{2}} = 0.707$배 되는 시점에서 저역 차단주파수 f_{c_1} 및 고역차단 주파수f_{c_2}를 읽어라. f_{c_1} 및 f_{c_2}를 표 18-1에 각각 기록하라. 주파수 특성을 관찰하라. 대역 통과 필터로 동작 하는가?

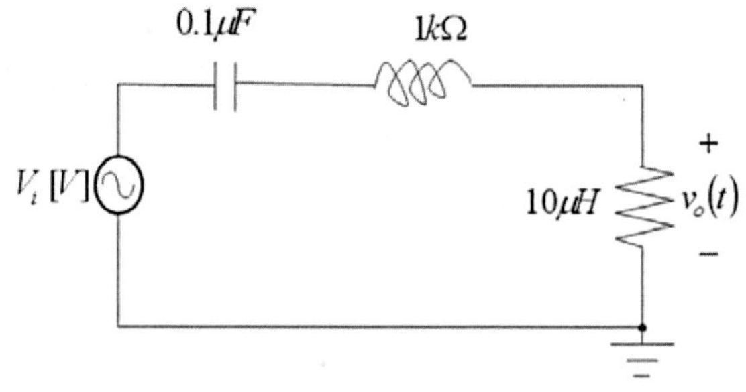

▌그림 18-10

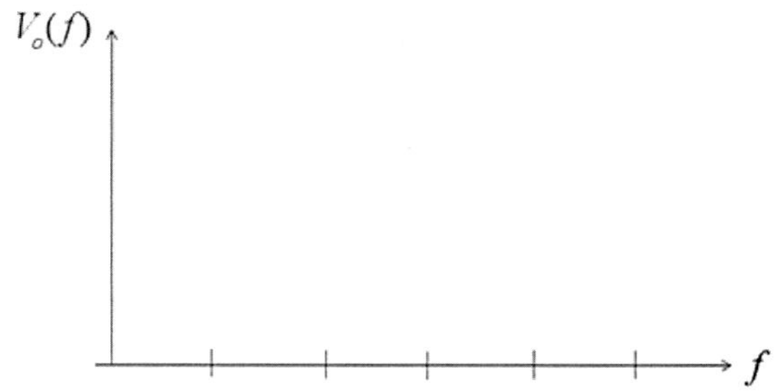

▌그림 18-11 R-L-C 대역 통과 필터의 주파수 특성

(2)그림18-12의 회로를 구성하라.

진폭 1[V] 정현파 입력을 인가하고, 주파수를 저주파수에서부터 고주파수로 점차적으로 증가시켜라. 최대 출력 전압의 $\frac{1}{\sqrt{2}} = 0.707$배 되는 시점에서 고역차단 주파수 f_{c_2}를 읽어라. f_{c_2}를 표 에 각각 기록하라. 주파수 특성을 관찰하라. 고역 통과 필터로 동작 하는가?

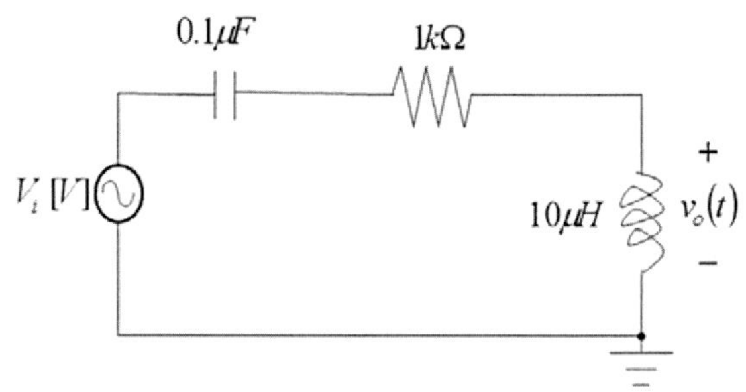

▌그림 18-12

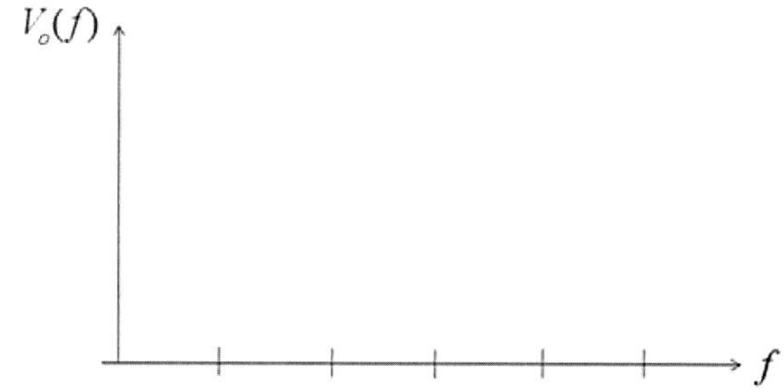

▌그림 18-13 R-L-C 고역 통과 필터의 주파수 특성

(3) 그림18-14의 회로를 구성하라.

진폭 1[V] 정현파 입력을 인가하고, 주파수를 저주파수에서부터 고주파수로 점차적으로 증가시켜라. 최대 출력 전압의 $\frac{1}{\sqrt{2}} = 0.707$배 되는 시점에서 저역차단 주파수 f_{c_1}를 읽어라. f_{c_1}를 표 18-1에 각각 기록하라. 주파수 특성을 관찰하라. 저역 통과 필터로 동작 하는가?

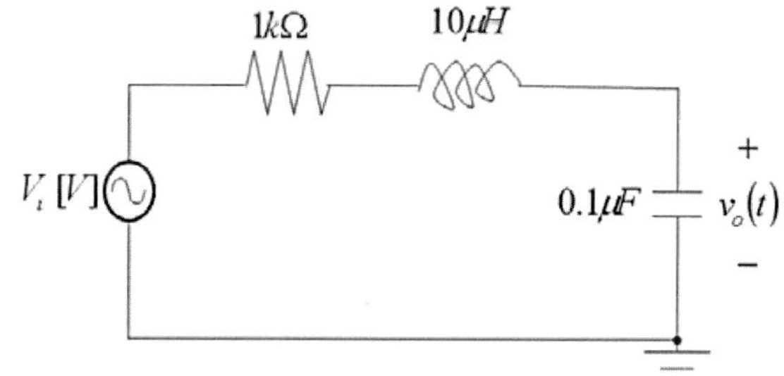

▌그림 18-14

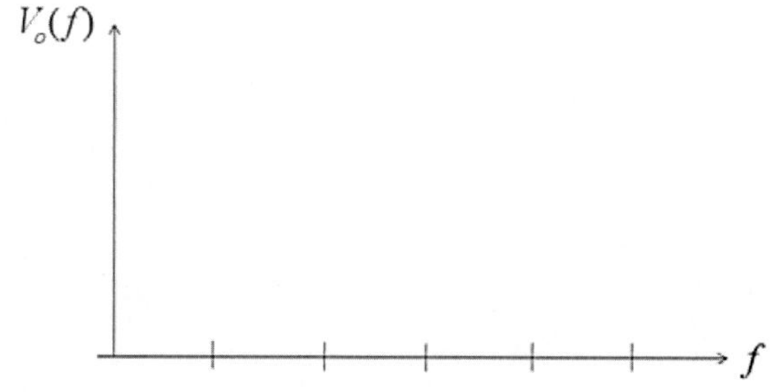

▌그림 18-15 R-L-C 저역 통과 필터의 주파수 특성

▎표 18-1▎ 차단 주파수 f_c 비교

case	차단 주파수 f_{c1}(계산치)	차단 주파수 f_{c1}(측정치)	차단 주파수 f_{c2}(계산치)	차단 주파수 f_{c2}(측정치)
(1)				
(2)				
(3)				

실험 19 R-L-C 병렬 회로의 주파수 특성

1 개요

(1) R-L-C 병렬 회로의 주파수 특성을 이해한다.

(2) 저항, 콘덴서 및 코일의 주파수 특성 및 필터의 형태를 각각 관찰한다.

2 관련 이론

(1) R-L-C 병렬 회로의 주파수 특성 : 대역 통과 필터

R-L-C 병렬 회로는 그림 19-1과 같이 저항, 코일 및 콘덴서가 병렬로 연결된 회로에 대하여 교류전류가 공급되는 형태이다. 그림 19-2는 테브낭 정리로 그림 19-1을 등가 변환한 회로이다. 본 절에서는 그림 19-2에 대하여 각 소자의 주파수 특성을 살펴보도록 하자.

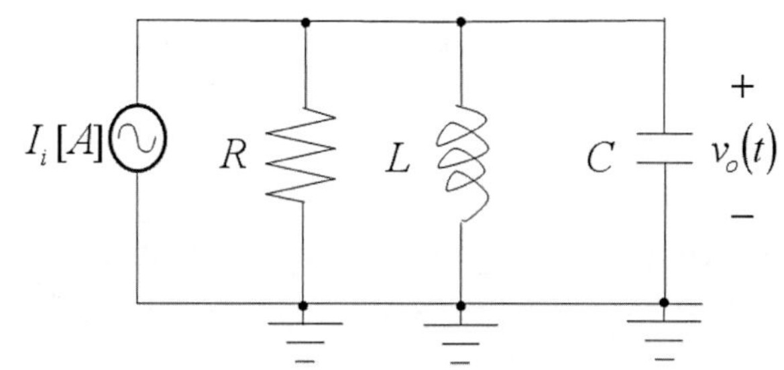

▌그림 19-1 병렬 공진 회로 A

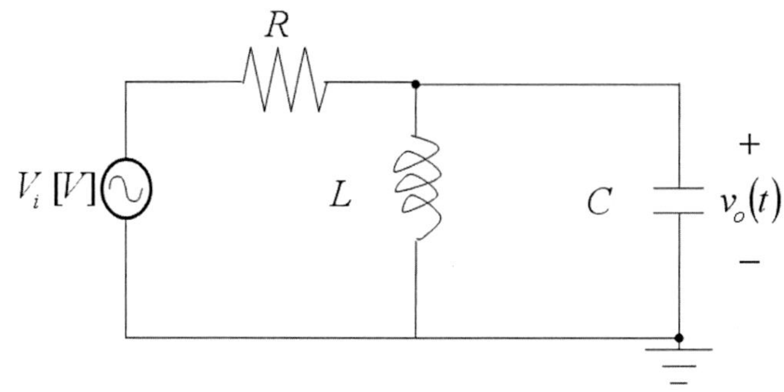

▌그림 19-2 병렬 공진 회로 B

각 소자에 대한 페이저 식으로 부터, 코일 또는 콘덴서의 전압은 다음과 같이 된다 :

$$H(j\omega)=\frac{V_L}{V}=\frac{\dfrac{\frac{C}{L}}{j\omega L+\frac{1}{j\omega C}}}{R+\dfrac{\frac{C}{L}}{j\omega L+\frac{1}{j\omega C}}}=\frac{j\omega L}{R(1-\omega^2LC)+j\omega L}=\frac{\dfrac{j\omega}{RC}}{-\omega^2+\dfrac{j\omega}{RC}+\dfrac{1}{LC}}$$

$$|H(j\omega)|=\frac{\dfrac{\omega}{RC}}{\sqrt{\left(-\omega^2+\dfrac{1}{LC}\right)^2+\left(\dfrac{\omega}{RC}\right)^2}}=\frac{1}{\sqrt{\left(\omega RC-\dfrac{R}{\omega L}\right)^2+1}}$$

최대 조건은 $-\omega^2+\dfrac{1}{LC}=0$ 일 때 이므로 공진 주파수는

$$\omega_0=\frac{1}{\sqrt{LC}}$$

이 된다. 공진 주파수에서 코일과 콘덴서의 출력 전압은 최대값을 갖는다. 반면에 저하에 걸리는 전압 및 전류는 최소값을 갖는다. 3dB 차단 주파수를 구하면,

$$\frac{1}{\sqrt{2}}=\frac{\dfrac{\omega}{RC}}{\sqrt{\left(-\omega^2+\dfrac{1}{LC}\right)^2+\left(\dfrac{\omega}{RC}\right)^2}}=\frac{1}{\sqrt{\left(\omega RC-\dfrac{R}{\omega L}\right)^2+1}}$$

로부터

$$\pm 1=\omega_c RC-\frac{R}{\omega_c L}$$

$$\omega_c^2 \pm \frac{1}{RC}\omega_c - \frac{1}{LC} = 0$$

$$\omega_{c1} = -\frac{1}{2RC} + \sqrt{\left(\frac{1}{2RC}\right)^2 + \frac{1}{LC}}, \quad \omega_{c2} = \frac{1}{2RC} + \sqrt{\left(\frac{1}{2RC}\right)^2 + \frac{1}{LC}}$$

를 얻게 된다. 두 실근 ω_{c1}, ω_{c2}의 값으로부터 다음 관계가 성립된다.

$$\omega_0 = \sqrt{\omega_{c1}\omega_{c2}} \text{ 및. } \omega_{c2} - \omega_{c1} = \frac{1}{RC}$$

따라서 품질계수는 정의로부터 다음 식을 얻게 된다:

$$Q = \frac{\omega_0}{\omega_{c2} - \omega_{c1}} = \frac{\frac{1}{\sqrt{LC}}}{\frac{1}{RC}} = R\sqrt{\frac{C}{L}}$$

병렬 공진의 경우 품질계수 Q는 직렬 공진시의 품질계수의 역수(inverse)가 됨을 확인할 수 있다. 차단 주파수를 품질계수와 공진 주파수로 표현하면 다음과 같다:

$$\omega_{c1} = \omega_0\left(-\frac{1}{2Q} + \sqrt{\left(\frac{1}{2Q}\right)^2 + 1}\right)$$

$$\omega_{c2} = \omega_0\left(\frac{1}{2Q} + \sqrt{\left(\frac{1}{2Q}\right)^2 + 1}\right)$$

공진시

$$\frac{\boldsymbol{V_L}}{\boldsymbol{V}} = \frac{\frac{j\omega}{RC}}{-\omega^2 + \frac{j\omega}{RC} + \frac{1}{LC}} = 1$$

이 된다. 마찬가지로, $\frac{\boldsymbol{V_C}}{\boldsymbol{V}} = 1$이 되므로,

$$\left|\frac{\boldsymbol{V_L}}{\boldsymbol{V}}\right| = \frac{\boldsymbol{I_L}\omega_0 L}{\boldsymbol{I_0}R} = 1$$

$$\left|\frac{\boldsymbol{V_C}}{\boldsymbol{V}}\right| = \frac{\boldsymbol{I_C}\frac{1}{\omega_0 C}}{\boldsymbol{I_0}R} = 1$$

따라서 공진 전류$\boldsymbol{I_0}$ 에 대한 $\boldsymbol{I_L}$ 및 $\boldsymbol{I_C}$의 비는

$$\frac{\boldsymbol{I_L}}{\boldsymbol{I_0}} = \frac{\boldsymbol{I_C}}{\boldsymbol{I_0}} = \frac{R}{\omega_0 L} = \omega_0 RC = Q$$

가 된다. 즉, 병렬 공진 경우는 코일(또는 콘덴서)에 흐르는 전류가 전원전류의 Q배가 된다. 공진회로의 전압 또는 전류를 측정할 때는 세심한 주의가 요구된다. 왜냐하면, Q의 값에 따라 매우 높은 전압 또는 전류가 출력될 수 있기 때문이다. 병렬공진회로는 선택 주파수만 감쇄 없이 통과시키는 대역 통과 필터(band pass filter)에 사용된다.

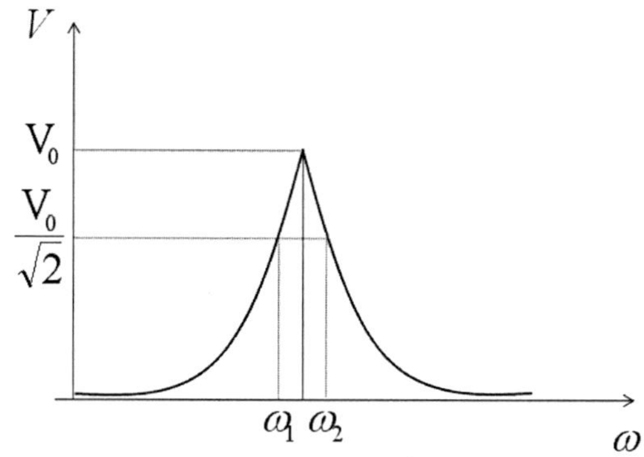

▌그림 19-3 병렬 공진 회로 : 대역 통과 필터

예제 1 대역 통과 필터

그림 19-4의 주파수 특성을 살펴보라. 대역 통과 필터로 동작하는가?

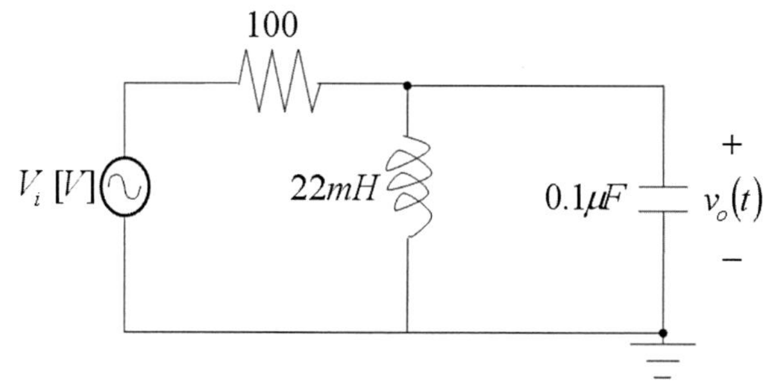

▌그림 19-4 대역 통과 필터

$$\omega_{c1} = \frac{1}{RC} = \frac{1}{(100)(0.1\times10^{-6})} = 10^5\,[rad/s]$$

$$\omega_{c2} = \frac{R}{L} = \frac{100}{22\times10^{-3}} = 4.54\times10^3\,[rad/s]$$

(a) $f_0 = \dfrac{1}{2\pi\sqrt{LC}} = \dfrac{1}{2\pi\sqrt{22\times10^{-3}\times0.1\times10^{-6}}} \simeq 3.39\,kHz\ \ [\text{kHz}]$

(b) $\omega_{c1} = -\dfrac{1}{2RC} + \sqrt{\left(\dfrac{1}{2RC}\right)^2 + \dfrac{1}{LC}}$,

$$= -\frac{1}{(2)(10^2)(10^{-7})} + \sqrt{\left(\frac{1}{(2)(10^{-5})}\right)^2 + \frac{1}{(22\times 10^{-3})(10^{-7})}}$$

$$\simeq -5\times 10^4 + 5.435\times 10^4\ [rad/s]$$

$$\simeq 4.35\times 10^3\ [rad/s]$$

$$\omega_{c2} = \frac{1}{2RC} + \sqrt{\left(\frac{1}{2RC}\right)^2 + \frac{1}{LC}}$$

$$= \frac{1}{(2)(10^2)(10^{-7})} + \sqrt{\left(\frac{1}{(2)(10^{-5})}\right)^2 + \frac{1}{(22\times 10^{-3})(10^{-7})}}$$

$$\simeq 5\times 10^4 + 5.435\times 10^4\ [rad/s]$$

$$\simeq 9.435\times 10^4\ [rad/s]$$

$$\triangle\omega = \omega_{c2} - \omega_{c2} = 10^5\ [rad/s]$$

$$\triangle f = \frac{\triangle\omega}{2\pi} = \frac{10^5}{2\pi} \simeq 15.92\,kHz$$

(c) $Q = \dfrac{R}{w_0 L} = w_0 RC = R\sqrt{\dfrac{C}{L}} = 100\sqrt{\dfrac{0.1\times 10^{-6}}{22\times 10^{-3}}} = \dfrac{1}{\sqrt{22}}$

(d) $\triangle f = \dfrac{f_0}{Q} = \dfrac{3.39\times 10^3}{1/\sqrt{22}} \simeq 15.9\,kHz$ [Hz]

$Q = \dfrac{1}{\sqrt{22}} < 0.5$ 선택도가 매우 낮다.

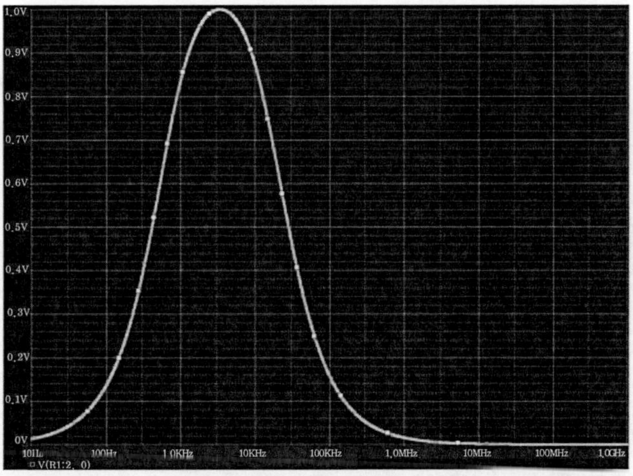

▌그림 19–5 시뮬레이션

(2) 대역 저지 필터

코일 또는 콘덴서의 전압의 주파수특성은 대역 통과 필터로 동작하는 반면에 저항에서 전압의 주파수 특성은 대역 저지 필터로 동작한다. 대역저지 필터는 L-R 저역 통과 필터와 R-C 고역 통과 필터 의 논리적 OR 결합 즉, 병렬 조합이다.

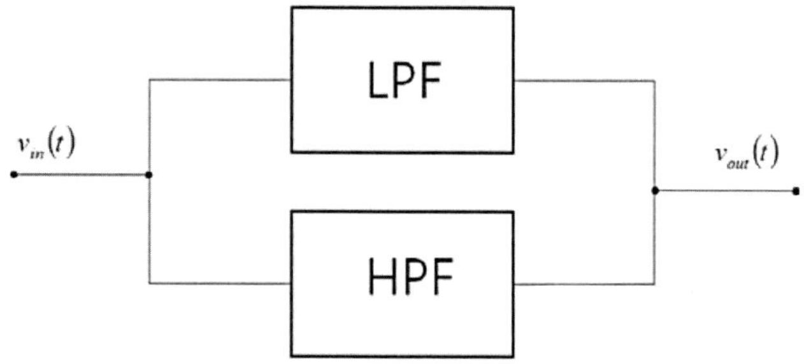

▌그림 19-6 저항 전압 : 대역 저지 필터

예제 2 대역 저지 필터

그림 19-7의 주파수 특성을 살펴보라. 대역 저지 필터로 동작하는가?

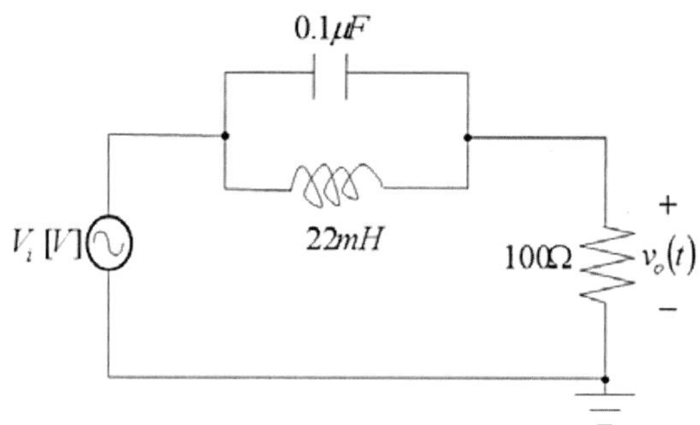

▌그림 19-7 대역 저지 필터

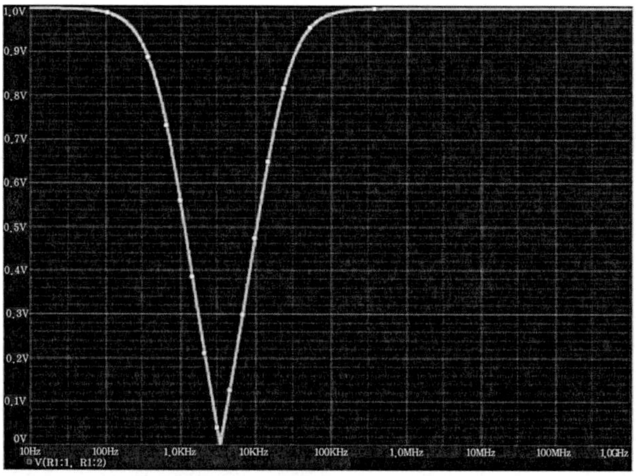

▌그림 19-8 대역 저지 필터 예제 시뮬레이션

3 실험 기기 및 부품

(1) 저항 : $R = 100\Omega$ 1개

(2) 콘덴서 : $C = 0.1uF$ 1개

(3) 코일 : $L = 22mH$ 1개

(4) 오실로스코우프 1대

(5) 교류신호 발생기 1대

4 실험절차

(1) 그림 19-10의 회로를 구성하라.

진폭 1[V] 정현파 입력을 인가하고, 주파수를 저주파수에서부터 고주파수로 점차적으로 증가시켜라. 최대 출력 전압의 $\frac{1}{\sqrt{2}} = 0.707$배 되는 시점에서 저역 차단주파수 f_{c_1} 및 고역차단 주파수 f_{c_2}를 읽어라. f_{c_1} 및 f_{c_2}를 표 19-1에 각각 기록하라. 주파수 특성을 관찰하라. 대역 통과 필터로 동작 하는가?

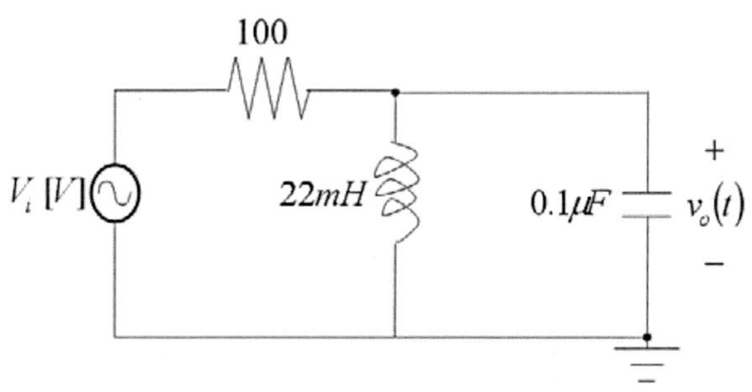

▌그림 19-9

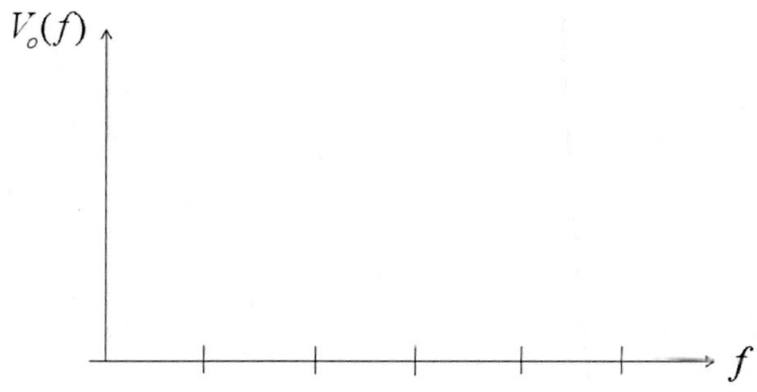

▌그림 19-10 R-L-C 대역 통과 필터의 주파수 특성

(2) 그림 19-12의 회로를 구성하라.

진폭 1[V] 정현파 입력을 인가하고, 주파수를 저주파수에서부터 고주파수로 점차적으로 증가시켜라. 최대 출력 전압의 $\frac{1}{\sqrt{2}} = 0.707$배 되는 시점에서 저역 차단주파수$f_{c_1}$ 및 고역차단 주파수f_{c_2}를 읽어라. f_{c_1} 및 f_{c_2}를 표 19-1에 각각 기록하라. 주파수 특성을 관찰하라. 대역 저지 필터로 동작 하는가?

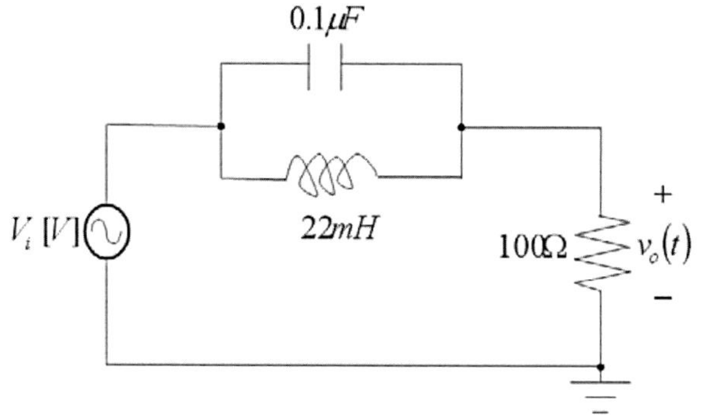

▌그림 19-11

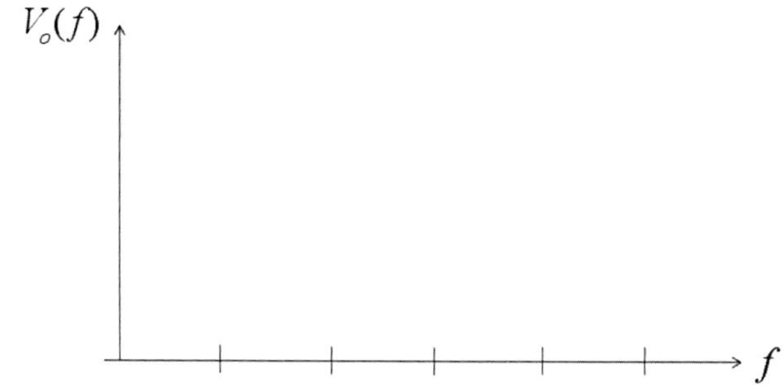

▌그림 19-12 R-L-C 대역 저지 필터의 주파수 특성

▌표 19-1 차단 주파수 f_c 비교

case	차단 주파수 f_{c1}(계산치)	차단 주파수 f_{c1}(측정치)	차단 주파수 f_{c2}(계산치)	차단 주파수 f_{c2}(측정치)
(1)				
(2)				

정가 10,000원

공학도를 위한 기초회로 실험

2014년 1월 5일 초판 인쇄
2014년 1월 15일 초판 발행
저 자 : 김경수 . 최영길
발행자 : 우명찬 . 송 준
발행처 : 홍릉과학출판사
주 소 : 서울시 강북구 인수봉로 50길 10
142-885
등 록 : 1976년 10월 21일 제5-66호
전 화 : (02) 999-2274~5, 903-7037
팩 스 : (02) 905-6729
e-mail: hongpub@hongpub.co.kr
http://www.hongpub.co.kr
ISBN: 979-11-5600-009-9

저자와의
협의하에
인지생략